国家自然科学基金重点项目（51134005）；中国澳大利亚国际合作项目（16394507D）；河北省专家与留学服务中心优秀专家出国培训项目；河北省人社厅资助项目（D2016002）；河北省教育厅高等学校科学技术研究项目（Z2012137）联合资助

# 深井高温热害资源化利用技术

曹秀玲　周爱红　屈晓红　著

U0342640

中国建筑工业出版社

**图书在版编目（CIP）数据**

深井高温热害资源化利用技术/曹秀玲，周爱红，屈
晓红著. —北京：中国建筑工业出版社，2016.7
ISBN 978-7-112-19115-4

Ⅰ.①深⋯　Ⅱ.①曹⋯　②周⋯　③屈⋯　Ⅲ.①深井-
高温矿井-热害-防治　Ⅳ.①TD727

中国版本图书馆 CIP 数据核字（2016）第 124177 号

　　本书以深部矿山的典型——三河尖矿为工程研究背景，针对其存在的深井热害问题，分析了三河尖矿水文地质及深部地温场特点，采用理论分析和数值模拟相结合的方法，揭示了深部围岩与巷道奥陶水的传热机理，找出了巷道奥陶水的温度场分布规律，确定了其供热能力，获得了三河尖矿深井高温热害资源化利用工程设计与实施的重要依据。进而，研发了以奥陶水、矿井涌水为联合热源的三河尖矿冬季深井高温热害资源化利用井上井下联合循环的工艺技术。提出了利用奥陶水的热能，同时又用其产生的冷能进行夏季空调的方法及工艺技术。

责任编辑：郦锁林　王华月
责任设计：李志立
责任校对：陈晶晶　张　颖

## 深井高温热害资源化利用技术
曹秀玲　周爱红　屈晓红　著
*
中国建筑工业出版社出版、发行（北京西郊百万庄）
各地新华书店、建筑书店经销
北京佳捷真科技发展有限公司制版
廊坊市海涛印刷有限公司印刷
*
开本：787×1092 毫米　1/16　印张：7¾　字数：189 千字
2016 年 9 月第一版　　2016 年 9 月第一次印刷
定价：**28.00 元**
ISBN 978-7-112-19115-4
（28750）

# 前　　言

随着我国经济的高速发展，对能源需求的不断增长，深部开采成为必然发展趋势，从而不得不面对深井高温热害的问题。本书以深部矿山的典型——三河尖矿为工程研究背景，系统分析了三河尖矿的地质构造和各个地层钻孔地温实测资料，水文地质条件及地热资源条件，包括区域水文地质，地温分布条件，区域含水层划分及其特征，地下水补、径、排条件；分析了矿井涌水、奥陶水和第四系含水层的水质、水量、流速等特点。确定三河尖矿深井高温热害特点、规模、危害程度，指出了三河尖矿存在的问题。

（1）三河尖矿深井高温热害资源化利用

三河尖矿区恒温带深 30m，温度为 16℃，地温平均梯度为 3.24℃/100m。三河尖矿开采深度已达 -1010m，矿井高温热害现象严重。根据井下巷道已测温记录，-700m 水平岩温 37.7℃；-860m 水平岩温 43.9℃；-980m 水平岩温 46.8℃。在夏季，-980m 大巷进风温度为 32℃左右，掘进头及工作面温度高达 36～37℃，严重影响工人的身心健康和矿井的安全生产，深井热害成为制约深部开采的问题之一。

三河尖矿深井高温热害控制已在一期工程中解决，但其资源化利用问题并未涉及。

（2）高温奥陶系灰岩水闲置未用造成热资源浪费且存在透水隐患

奥陶系灰岩水在 21102 工作面突水动态补给量为 1020m³/h，水温为 50℃，水压 7.6MPa，现在水观 1 孔奥灰水位为 -71m。这部分水一直闲置未用，一方面造成热资源的浪费，另一方面这些热水存在突水隐患，诱发安全事故。

（3）高耗煤及环境污染

三河尖煤矿现有供暖总面积 21 万 m²，其中工业广场 10.4 万 m²，工人村 10.6 万 m²；锅炉燃煤供热系统全年耗煤 12045t，其中工业广场耗煤 9530t，其他耗煤 2515t；现有供暖系统耗煤量大，运行费用高，对环境污染严重，每年大约排放 $CO_2$ 22542t，$SO_2$ 72.3t，氮氧化物 64.5t。现有供热系统急需进行改造，以达到节能减排，降低运行费用，改善环境质量的目的。

针对三河尖矿存在的上述难题，分析了国内外深井高温热害资源化利用研究现状，研究了三河尖矿的奥陶系灰岩承压水资源条件，并采用理论分析与数值模拟相结合的方法，确定了奥陶水的供热能力，为三河尖矿深井高温热害资源化工程设计与实施提供了可靠的依据，探讨了解决问题的方法，设计了三河尖矿深井高温热害资源化 HEMS 井上井下联合利用的工艺技术。

目前，深井热害治理技术主要有集中空调、冰冷、气冷、热电乙二醇等技术，这些技术均仅仅考虑的深井降温问题。而国内外还没有综合考虑奥陶水利用、深井热害资源化及高耗煤及环境污染等问题的技术。

本文研究 HEMS 技术进行深井热害控制后，将深井高温工作面置换到矿井涌水中的热能与奥陶水的热能综合利用，进行井上冬季供暖，实现深井高温热害资源化 HEMS 井上井下联合利用，一并解决深井热害资源化利用问题以及高温奥陶系灰岩水闲置未用造成热资源浪费问题，同时消除奥陶系灰岩水存在透水的隐患，并解决高耗煤及环境污染问题。

本课题充分运用流体力学、工程热力学、传热学、供热工程、地下工程学、多孔介质理论、传热传质学、统计学以及其他相关学科的基础理论及方法，针对奥陶系灰岩承压含水层的地层、奥陶系灰岩裂隙岩溶含水层特征和21102工作面采空区水源特征，通过对—760m水平围岩、冒落后巷道、奥陶系承压灰岩水之间的传热过程及特点分析，建立了三河尖矿在抽水供热条件下奥陶水和围岩多孔介质传热模型，并进行了理论计算与分析，揭示了奥陶水和围岩之间的传热机理。

所谓多孔介质，是指多孔固体骨架构成的孔隙中充满单相或多相介质。固体骨架遍及多孔介质所占据的体积空间，孔隙相互连通，其内的介质可以是气相、液相或气液两相流体。多孔介质的主要特征是孔隙尺寸极其微小，比表面积数值要大。多孔介质内的微小孔隙可能是互相连通的，也可能是部分连通的、部分不连通的。

废弃巷道冒落后，巷道内会有一定量散落的岩石，岩体比原来要松散，岩体孔隙中充满了奥灰水，岩体与奥灰水之间的热传递，可看成是多孔介质中的传热，将所研究岩体与冒落后的巷道看成是非均质多孔介质。

多孔介质传递现象分为多孔介质外和多孔介质内的传递过程。首先要在被研究岩体中选取控制体去分析传递过程。所选择的控制体，即对围绕多孔体内某一点 p 的流体参数进行平均，用在一定范围内的平均值去替代局部真值。这种方法称为局部容积平均方法，所选取的平均范围称为表征体元（representative elementary volume），简称REV。在REV的基础上，获得参数平均值，然后代入标准参数方程中，以获得多孔介质宏观变量的传输规律。

依据三河尖矿地质构造，水文地质条件及地热资源条件，区域水文地质，地温分布条件，区域含水层划分及其特征，地下水补、径、排条件、奥陶水、第四系含水层的水质、水量、流速等特点，21102工作面采空区水源特征，奥陶系灰岩承压含水层的地层情况及其裂隙岩溶特征等条件，地热井所在地层为灰岩，其孔隙有原生和次生之分，其中次生结构又分为：正常的孔隙结构、缩小的粒间孔隙结构、扩大的粒间孔隙结构等，孔隙结构比较复杂，而且粒径分布规律也不一样，为了研究问题方便，假设为各向同性多孔介质；工作面采空区顶板陷落后，会引起灰岩内部结构的变化，从而对其渗流性产生影响，孔隙的分布会产生变化，现假设顶板完全陷落，采空区所引起的岩石孔隙的变化均匀分配到和巷道等长等宽，高度等于两井井底竖向高度的范围内；假定在采空区的周围壁面上，换热条件都是一样的。采用计算流体力学应用软件FLUENT，建立了奥陶水和围岩多孔介质间的传热数值模型，在满足三河尖矿工业广场用热的工况下，分析了在定流量、不同进水口温度情况下，奥陶水沿巷道各方向的温度变化及出水口的温度变化，沿巷道长度方向围岩对奥陶水温度的影响程度和影响范围的变化；分析了定水温，不同流量下，奥陶水温度沿巷道各方向的温度变化及出水口的温度变化，沿巷道长度方向围岩对奥陶水温度的影响程度和影响范围的变化；进而绘制了奥陶水温度场分布图。分析了不同工况下奥陶水温度场的变化规律，确定了其供热能力，为三河尖矿深井高温热能资源化利用技术设计提供了重要依据。

依据上述结论，综合分析了三河尖矿区建筑物采暖负荷、井下降温系统冷负荷等影响因素，并根据三河尖矿提供的气象条件，确定了采暖季节的室内、外设计温度；然后，针对三河尖矿矿区建筑物的结构特点，充分考虑井上建筑维护结构的传热耗热量，冷风渗透耗热量，冷风侵入耗热量以及太阳辐射等因素，并根据三河尖矿提供的资料，确定了三河尖矿区工业广场、工人新村、洗浴、主副井口供热负荷。根据负荷进行了水力计算，确定了系统管道直径、管道中的流量、沿程压力损失、局部压力损失、总压力损失、网路循环水泵的流量和扬程，确定了主要设备和辅助设备型号及数量。提出了以奥陶水、矿井涌水为联合热源，综合考虑地上供暖的特点，三河尖矿冬季深井高温热害资源化利用 HEMS 井上井下联合利用的工艺技术。

本书的研究得到以下重要结论：

（1）奥陶水和围岩之间的传热传质过程，符合多孔介质中的传热机理。

（2）在抽水供热条件下，定流量，不同进水温度时，奥陶水的温度场分布不同。出口水温度随着进口水温度的升高而升高，但升高的速度在不断减慢，即进出口水温差越来越小，围岩传递给巷道奥陶水的热量也越来越少。在定水温，不同流量时，出口水温度、进出口水温差和传热量不同。其规律：随着流量的增加，出口水温度降低，进出口水温差减小。

（3）三河尖矿深井高温热害资源化 HEMS 井上井下联合利用工艺技术，既解决了深井热害资源化利用问题以及高温奥陶系灰岩水闲置未用造成热资源浪费问题，又消除了奥陶系灰岩水存在的透水隐患，同时还解决了高耗煤及环境污染问题。

上述成果为深井高温热害资源化利用开辟了新的途径，在节能减排，改善环境，实现循环经济可持续发展方面具有重要意义，经济和社会效益突出，具有广阔的推广应用前景。

矿井开采向深部发展是必然的趋势，相伴而来的是深井高温热害的难题。对此问题的解决办法，虽然国内外均有些相关研究，但相比较而言，到目前效果最好的还是本课题研发的以奥陶水、矿井涌水为联合热源，三河尖矿冬季深井高温热害资源化利用 HEMS 井上井下联合利用的工艺技术。该技术不仅利用矿井涌水达到了控制深井热害的目的，同时提取奥陶水的热能进行矿区井上供暖，充分利用高温奥陶系灰岩水的热能，取代锅炉采暖，达到节能减排、循环生产、降低污染、改善环境、变害为利目的，在保障安全生产，实现矿井开采的可持续发展方面具有重要的意义。

在深井高温热害能源化利用技术方面，我们的研究工作仅取得了初步的进展，还有许多工作需要做，许多问题有待进一步深入，后继研究工作任重而道远。

# 目 录

# 第 1 章 引 言

随着我国经济的快速增长和人民生活水平的不断提高，能源的总需求量逐年增长。然而，由于长期开采，浅部资源日渐枯竭，使得大部分煤矿开采不得不向深部发展。随着开采深度的增加，矿井原岩温度不断升高，深井热害问题日益严重，本书针对三河尖矿深井高温热害和高温高压奥陶系灰岩水的特点以及矿区地面锅炉耗煤及污染等重要问题，分析了国内外大量关于矿山地温、热害治理、节能减排、环境保护等方面的资料，并结合三河尖矿的实际情况，提出本书的主要研究内容、研究方法、技术路线以及创新点。

## 1.1 三河尖矿深井概况及问题的提出

### 1.1.1 三河尖矿深井概况

徐州矿务集团公司三河尖煤矿，位于徐州市沛县龙固镇境内，主井地理坐标为东经116°47′25″，北纬34°54′38″。地处苏鲁边界，东临昭阳湖，西临丰县，北与山东省鱼台县接壤，东南距徐州市92km，至沛县27km，西北距鱼台县城19km，徐济公路穿过该井田，东北至京杭大运河6km，可进行水陆运输。大屯煤电（有限）责任公司铁路专用线通至矿区，交通较为便利，其具体交通位置见图1-1。

三河尖井田范围东以F1断层、孙氏店断层（F1）与姚桥、龙东井田相邻，南以F24、F1断层为界，西以经线39471500为界，北以-1200m各煤层底板等高线为界。井田东西长7～15km，南北宽3.5～6km，面积约49km²。

本区属黄淮冲积平原，地势平缓稍向东北倾斜。地面标高+34.3～+37.04m，地面坡降一般均小于千分之一，属南四湖南端西部堆积区。

矿区水系，总称南四湖，1960年二级坝建成后，独山和昭阳湖为一级湖，微山湖为二级湖。南四湖总面积为600km²，流域面积2726km²，历史最大汇水量107亿m³（1957年），据南阳站观测：最高水位+36.89m，最大蓄洪量25.6×10⁹m³（1964年9月），最低水位+32.32m，最小蓄洪量0.57×10⁹m³（1962年6月），湖底高程+31m，湖堤高程+39m。

井田内河流稀少，除大沙河为天然河流外，尚有姚楼河、苏鲁河、义河、复兴河、徐沛运河等均为兴修水利人工开掘的河流。坡降均小于1/2000。河水位同于湖水位，属季节性河流，农业上用河道引水灌溉，同时地面南北、东西向的灌溉渠道纵横交错。

矿区气象条件，根据沛县气象站十多年气象资料汇编（1987～2002），本区属南温带的鲁淮区，具有长江流域和黄河流域的过渡性，区内气候温和，年降雨量充沛，冬寒干燥，夏热多雨，春秋季短，常有寒潮、霜冻、冰雹、旱风等自然灾害。由于沛县地处中纬度副热带和暖温带的过渡区，因此，表现降水的集中性高，年变化大，全年降雨量平均

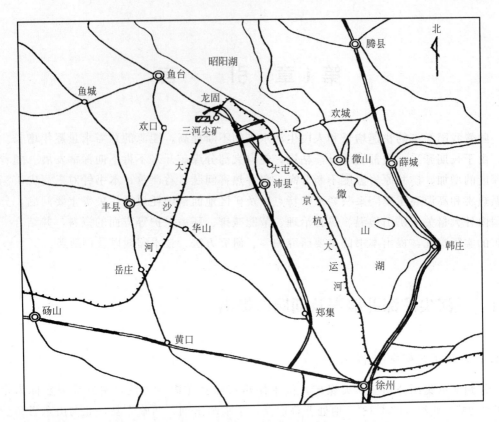

图 1-1　三河尖矿交通位置示意图

811.7mm，最大 992.1mm（1985 年），最小 546mm（1987 年），平均年降水天数 83 天，夏季平均雨量（6～8 月）476.4mm，占全年总雨量的 59.6%，其中以 7、8 两月雨量最多，形成了冬干春秋旱频繁；盛夏易涝易旱的气候特点。平均年蒸发量 1440mm。区内地面标高 +34.3～+37.04m，1958 年前本区经常有洪水及内涝，1957 年 7 月南四湖湖堤决口，本区 +36.50m 以下全淹，洪水持续 20 余日。全年以偏东风为多，年平均风速 3.2m/s。历年平均气温 13.8℃，日最高气温 38.4℃（1988 年 7 月 7 日，1997 年 6 月 22 日），日最低气温 -15.7℃（1990 年 2 月 1 日）。历年最大冻土深度 19cm（1969 年），平均 12cm。历年平均初霜期为 10 月 30 日，终霜期为 4 月 8 日，霜期 151 天。

地震情况：据不完全统计，自公元 462 年以来，本区共记载有感地震 30 余次，其中影响较大的有 1968 年 7 月 25 日山东莒县郯城 8.5 级地震，1937 年 8 月 18 日山东菏泽 7 级地震。本区属华北地震区，距郯庐断裂 100 余公里，该断裂总长 1000 余公里，为一长期活动的断裂带，亦为强地震带，郯城至新沂一带具有发生强地震的地质构造背景。

三河尖煤矿始建于 1979 年 12 月 15 日，设计生产能力 120 万 t/a，是国家"七·五"重点工程之一。1987 年由大屯煤电公司划归徐州矿务局，1988 年 12 月 12 日投产，1991 年达产。截止到 2000 年底共生产原煤 1596.1 万 t，其中 2000 年创历史最高水平，年产煤炭 156.1630 万 t。三河尖煤矿采用立井单水平开拓，落底水平 -700m，开采上限 -350m，回风水平 -420m、-400m。矿井目前通风方式为中央分列式；主井净直径为 5.6m，提升设备为 JKMD3.5×4 型多绳绞车和一对 12t 箕斗；副井净直径为 7.2m，提升设备为 JK-

MD3.5×4 型多绳绞车和一对 1t 双层四车加宽罐笼。

丰沛矿区恒温带深 30m，温度为 16℃，三河尖煤矿地温平均梯度为 3.24℃/100m。三河尖矿开采深度已达 −1010m，矿井高温热害现象严重。根据井下巷道已测温度，−700m 水平岩温 37.7℃；−860m 水平岩温 43.9℃；−980m 水平岩温 46.8℃。在夏季，−980m 大巷进风温度为 32℃左右，掘进头及工作面温度高达 36～37℃，严重影响工人的身心健康和矿井的安全生产，深井热害成为制约深部开采的问题之一。

三河尖矿具有丰富的奥陶系灰岩水资源，水量 1020m³/h，水温高达 50℃，其中含有大量的热能资源。

### 1.1.2 问题的提出

**1. 21 世纪大批煤矿进入深部开采已成为必然趋势**

能源是推动社会经济发展的动力，是实现社会经济、人口、资源及环境协调发展的非常重要的物质基础[1]。目前能源的合理开发利用已成为世界各国越来越重要的问题，能源优先发展的战略越来越受到重视。进入 21 世纪，我国已经成为世界上最大的能源生产和消费国之一，随着我国经济建设的高速发展和人民生活水平的不断提高，对能源的需求量越来越大。（见图 1-2，据《2003～2009 年全国及地方国民经济和社会发展统计公报》）。根据国家统计局数据，初步测算，我国 2009 年能源消费总量为 31.0 亿 t 标准煤，比上年增长 6.3%。煤炭消费量 30.2 亿 t，增长 9.2%；原油消费量 3.8 亿 t，增长 7.1%；天然气消费量 887 亿 m³，增长 9.1%；电力消费量 36973 亿 kw·h，增长 6.2%。全国万元国内生产总值能耗下降 2.2%。主要原材料消费中，钢材消费量 6.9 亿 t，增长 22.4%；精炼铜消费量 753 万 t，增长 39.7%；电解铝消费量 1439 万 t，增长 14.4%；乙烯消费量 1066 万 t，增长 8.0%；水泥消费量 16.3 亿 t，增长 17.0%。

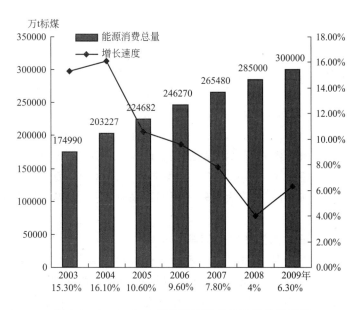

图 1-2　2003～2009 年能源消费总量及其增长速度

（据《2003～2009 年全国及地方国民经济和社会发展统计公报》）

我国是一个富煤、少气、缺油的国家。长期以来，煤炭一直是我国主要的能源资源，在一次性能源结构中约占 70% 左右，如图 1-3 所示。因此决定了今后相当长的时间内，在我国一次性能源结构中煤炭占据不可替代的重要地位[2]。1989 年以来，我国煤炭的产量及消费量一直居世界首位。随着国民经济高速增长，煤炭的需求量将会进一步扩大。煤炭作为我国主体能源的地位在今后 50 年内不会有改变。据预测，2015 年和 2050 年中国煤炭产量将达 26.5 亿 t 和 36 亿 t 左右，如图 1-4 所示。

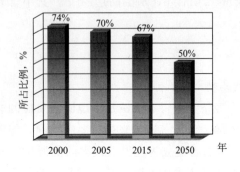

图 1-3　煤炭在一次性能源结构的比例

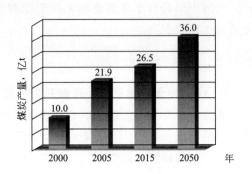

图 1-4　煤炭产量及预测

（据《2006 年全国及地方国民经济和社会发展统计公报》）

长期开采使得浅部资源日益枯竭，因此，煤炭资源开采必然向深部发展。据统计，我国煤炭埋深在 1000m 以下的储量为 2.95 万亿 t，占煤炭资源总量的 53%。目前，我国煤矿开采深度以每年 8～12m 的速度增加，如图 1-5，1980 年我国煤矿的平均开采深度 288m，到 1995 年已达到 428m。据 1996 年统计资料显示，我国主要国有矿区有 90 多个，井工开采的生产矿井 588 对，采深超过 800m 的深井 19 对，其中超过 1000m 的矿井就有数十个。如开滦矿业集团赵各庄煤矿水平开采深度达到 1155m，新汶矿业集团华丰矿开采深度为 1070m，徐州矿务集团的旗山

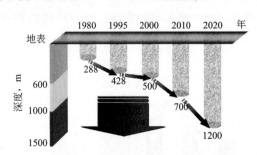

图 1-5　我国国有重点煤矿平均采深变化趋势[4]

矿开采深度为 1032m，张小楼井开采深度已超过 1100m。新汶矿区的其他矿，如孙村矿、长广七矿的采深也已经超过了 800m。目前，我国许多矿区的采深均已超过 600～800m，因此，我国进入 21 世纪矿山开采将大批转入深部开采阶段[3,4]。煤炭资源的深部开采已成为必然趋势。

**2. 深部开采不得不面对高温热害的问题**

随着矿井开采深度的增加，原岩温度不断升高、地质条件恶化、地温升高、涌水量加大、地应力增大、破碎岩体增多，导致巷道维护困难、提升难度加大、地质灾害增多、通风降温和生产成本急剧增加、作业环境恶化、安全难以保证等一系列问题，为深部资源的开采提出了严峻的挑战[5-9]。开采与掘进工作面的高温热害日益严重。据有关资料统计，到 20 世纪 90 年代，我国有热害的矿井已发展到 70 个[10]（含台湾省 20

个[11]），仅采掘工作面气温超过30℃的煤矿约40个，到2000年，我国煤矿的平均采深达650m左右，平均原始岩温为35.9～36.8℃，而采深超过1000m的矿井，其原岩温度高达40～45℃，工作面温度达34～36℃，大部分矿井将进入一、二级热害区[12]。我国东部的主要矿区徐州淮南都是严重的热害矿区，徐州矿务局夹河矿−1000m水平巷道洞体岩体表面温度为37.5℃，工作面温度为32～34℃，湿度95％～100％[13]，三河尖矿受地温异常的影响温度热害更为严重，根据井下巷道已测温度，−700m水平岩温37.7℃；−860m水平岩温43.9℃；−980m水平岩温46.8℃。在夏季，−980m大巷进风温度为32℃左右，掘进头及工作面温度高达40℃，湿度95％～100％。国外，南非西部矿井在深3300m处，气温达到50℃；日本丰羽铅锌矿受热水影响，在深500m处气温高达80℃[14]。

**3. 高温热害严重影响生产安全**

高温环境下作业，对人的身体健康造成严重的伤害，体能下降、工作效率降低，易产生高温中暑、热晕、神经中枢系统失调等疾病，从而感到精神恍惚、疲劳、全身无力、昏昏沉沉，这种精神状态成为诱发事故的原因，严重影响生产安全[15-18]。

南非公共卫生秘书E·H·克卢弗博士对金矿高温事故首先进行了系统的研究，研究结果发现在1924～1931年的七年中因高温引起的死亡事故92次，其中的67次是发生在工作面，1930年在两个矿山发生了69次死亡事故，其开采深度均在地表以下1700m。其湿球温度超过了30℃，受到高温威胁的工人人数约14000人[19-22]。1935年Dreosti在一份报告中叙述了这一时期在金矿发生的高死亡率的紧急情况：在西梯深金矿高温事故已成为一严重威胁，特别是开采深度还在继续增加。而且，在适应性高温训练期间，每工班的生产量只相当于正常工班的1/3。效率的损失对矿山的财政状况影响深远[15]。据日本北海道七个矿井的调查，气温在40℃以上的工作面比30～40℃的工作面，事故率高1.5～2.3倍[23]。

我国淮南九龙岗矿（深830m，工作面温度28℃左右），工人中高血压及心悸病患者占较大比例；1974年，平顶山八矿东一石门（深510m，气温30℃左右）工作面涌出热水温度为36℃，水量仅12m³/h，竟然使工作面温度上升至33～34℃，施工人员曾多次发生中暑昏倒及呕吐的现象，那里工作的人员均患有传染性湿疹，几乎无人幸免，冬季感冒的发病率也很高；广西合山矿务局里兰矿，由于井下有28～35℃的热水涌出，巷道内气温在22～29.6℃之间，出水点附近可达33℃[24-28]，据1976年统计，井下工人有415人患各种皮肤病，也发生过多起中暑昏倒的病例[17]。2006年我国某煤矿因高温热害，现场热晕及中暑172人次，死亡事故发生5起。因此我国《煤矿安全规程》规定："采掘工作面的空气温度超过30℃，必须停止作业"[29]。因此，降低工作面温度，改善工作环境，治理深井热害，迫在眉睫。

深井高温热害，在一定条件下，可作为能源加以利用。几十年来，我国在地热利用方面已开展了大量的研究与实践，并且取得了较好的研究成果。但在深井高温热害能源化方面还刚刚起步，还有许多问题亟待解决。

本书就是基于上述问题和我国深矿井高温热害的现状而提出的。在对全国煤矿解决高温问题的经验和教训进行调研的基础上吸收已有的研究成果，采用理论和实际工程项目相结合的方法进行研究。本书将用理论分析、数值模拟以及工程实例三者相结合的方法，对三河尖矿深部高温热害资源化问题进行研究，提出一条行之有效的策略。

## 1.2　国内外深井高温热害研究现状

深井高温热害资源化利用技术研究，首先需要了解深井高温热害的特点、规模、危害程度，然后研究其合理的控制对策与利用技术。对矿井高温热害的研究国内外已有很长的历史，现分别从国内外研究现状两个方面进行阐述。

### 1.2.1　国外研究现状

据文献记载[30]，对于深井高温的研究始于 16 世纪。1740 年，法国人曾对金属矿地温进行过观测。18 世纪末，英国人开始进行矿井巷道的温度观测，观测数据显示，矿井巷道温度随着深度的增加逐步升高。19 世纪后半叶开始进行钻孔测温工作，1882～1900 年间，在欧洲，对孔深分别为 1959m 和 2221m 的两个深孔的地温进行了观测工作，测得的孔底温度分别为 69.3℃ 和 83.4℃，测得其增温梯度均为 3.12℃/100m。因此认为地壳的增温梯度大约为 3℃/100m。

20 世纪 20～50 年代，由于世界各国煤矿的开采规模都不大，开采深度较浅，矿井地热问题并不十分突出，关于矿井围岩的热计算研究成果很少。主要是：1923 年德国 HeistD rekopt 在假定巷道岩壁温度为稳定周期性变化的条件下，揭示了巷道围岩内部温度场的变化规律，并提出了围岩调热圈的概念[30-33]。1939～1941 年南非的 vBiccandJ appe 提出了风温计算的思路和方法；1951 年日本平松良雄、田野，英国 Van Heerden 综合研究了巷道与围岩的热交换，给出了理想条件下的围岩温度场的理论解，这与用拉普拉斯变换得出的理论解是一致的[34~37]；1953 年苏联学者提出了较精确的传热系数和温度场的计算法[38]；上述研究成果为以后的现代经典计算方法的研究奠定了基础[39]。

从 20 世纪 50 年代末至 70 年代初，由于电子计算机逐步应用于风温预测计算，使得风流热计算方法得到改善。比如 1964 年联邦德国的 Mucke 等提出了用圆板状试块测定岩石导热系数；1966 年联邦德国的 Nottort 等又研发了矿井围岩的热物理参数的测试技术，并发表了利用数值分析方法来描述矿井巷道围岩温度场的数篇论文，该技术得到了初步推广应用[40]。1967 年 Shernat 对一段矿井巷道围岩进行现场强制加热，然后测量巷道围岩的温度，并将实测温度和理论计算温度进行对比，得到了围岩换热的部分参数，同年南非的 Starfieid 课题组，研究了矿井巷道围岩在潮湿条件下热交换规律，提出的计算方法更为实用[41]。

从 20 世纪 70 年代中后期开始，经典计算理论的研究进一步深入，研究成果及相关的专著相继出版，其中，有代表性的有日本平松的《通风学》、德国 Fusi 的《矿井气候》、舍尔巴尼的《矿井降温指南》等[42-46]。矿井热害问题的研究不断进行，采掘工作面的热害问题得到进一步重视。1971 年联邦德国的 J. Voss 等提出了矿井采掘工作面风温计算的理论；1975 年美国的 J. Mcguaid 提出了矿井工作面热害控制的对策及成套技术[47-48]；1977 年保加利亚的 Shcherban 对矿井采掘工作面的风温计算进行了比较详细的阐述。

20 世纪 80 年矿井风温的理论研究进一步发展，研究水平得到进一步提高，表现在发表论文数量的增加，及研究成果的应用及普及，比如日本的内野用差分法分析并得出了不同形状、不同岩性条件下岩石调热圈的温度场分布规律，提出了在进风温度变化条件下的风温计算公式[49]；南非 Starfild 也提出了不稳定传热系数条件下更精确的计算公式。上述研究均对风流与围岩间的换系数、当量热导率、湿度系数以及热湿比进行了观测统计并提出计算图表[50]。

据国外相关资料来看，国外的热矿山尽管出现得较早，在许多技术问题上比我国的先进。但也还未拥有在矿井设计前就能够掌握完整地温资料的能力，达到在设计中周密安排降温技术措施的程度。许多国家往往是在老矿井延深过程中出现了热害之后才开始进行地温观测，并采取各种实验性的降温技术措施。南非金矿发展到热害严重，多次造成工人死亡的程度时，才引起相关部门的重视[51]。可见，对于矿山热害程度预测的理论技术仍处于广泛实践的阶段，远远没有达到成熟的程度。

## 1.2.2 国内研究现状

我国系统地进行地热研究工作始于新中国成立后，特别是从 20 世纪 70 年代开始，在李四光教授的大力倡导下，掀起了大规模进行地热普查的高潮[52]。

我国煤田勘探中的钻孔测温，大约始于 20 世纪 60 年代。但资料零星，孔数甚少，测温工作也不是很正规。现在可以见到的该时期测温钻孔资料有：开平煤田，林南仓井田，元氏、邢台东庞井田，兖州东滩井田，淮南潘集，平顶山八矿和九宫山勘探区等，为将来进一步进行煤田勘探工作初步积累了经验[53]。

1974~1978 年，平顶山矿务局与中国科学院地质研究所地热室开始合作，对整个平顶山矿区，开展了研究工作。1978 年 5 月，前煤炭工业部地质局在平顶山召开了由各省、市、自治区煤田勘探技术人员参加的地温会议，对这一研究给予充分的肯定，同时还决定在全国煤田勘探中开展测温工作，并组织有关人员着手编写《矿山地热概论》一书并于 1981 年出版。1980 年颁布《煤炭资源地质勘探规范》（试行），从此地温条件评述成为地质报告中的规定内容，地温已被正式认定为煤矿的一个新的开采技术条件[54]。1982 年颁布实施的《矿山安全条例》条例规定：对有热害的矿山应在其地质勘查报告中提供地热资料；1986 年国务院颁发的《煤炭资源地质勘探规范》也对地温的勘查、评价等做了相关的规定。由此可以看出，我国政府各部门对矿山的安全生产、矿工健康等给予高度重视。

20 世纪 70 年代初至 90 年代初，中国科学院地质研究所地热室与原煤炭工业部合作，先后对平顶山、开滦、黄县煤矿、兖州以及豫西 6 个煤矿进行了专题研究。该项研究使得与矿山地热有关的理论在采矿及勘查单位得到了进一步推广普及；研发了测量矿井地热的仪器设备，比如岩石的热物理性质测试仪器和有较高精度的测温设备，从而为矿井地温的测量工作开展提供了有效技术手段；以热平衡理论为基础，提出了简易测温、近似稳态测温及稳态测温方法[55]；对典型高温的平顶山矿区进行了地温评价和深部地温预测，预测精度经验值达到 1~2℃，其预测方法具有推广价值；总结了矿山地热的研究方法，提出了矿山地温类型的划分方法，对地质勘探和矿井地质工作中的地热研究有重要意义[56]。

1978 年以后，地温测量工作在煤田地质勘探中得以全面开展，它标志着矿山地热工作进入了一个新的发展阶段。从此改善了煤矿严重缺乏地温资料的状况，且提供了矿山规划建设所需的资料；但是在进行地温测量工作的过程中，也暴露了一些新的问题，有待进一步研究解决。

## 1.3　热害治理及资源化利用研究现状

### 1.3.1　热害治理现状

热害是深部开采不可避免的难题，开采巷道及工作面岩体向空气流散热、空气自身压缩放热、机械设备等散热量随着开采深度的加深而明显增加，使空气温度提高，工作环境恶化，影响工人身体健康，降低劳动生产率[57]。

20 世纪 70 年代，南非、联邦德国、苏联及日本等国家，矿井内人工制冷多采用以氟利昂为制冷剂的压缩制冷机来解决矿井工作面降温的问题[58-64]。最初，制冷站多采取分散式布置，在需要空调的地点建站，仅能供给一两个工作面降温。后来，随着管道隔热技术的改进，井下需要空调地点的增多，分散式制冷布置难以满足需要且不经济。因此，改为大型机组集中布置，在井下枢纽部位建立制冷站，对全矿井或一两个采区供冷。其冷凝借助于井下冷却塔（南非）或换热器（联邦德国）经回风流排至地面。随深度的增加，产量和采掘机械设备功率加大，井下有限的回风量已无法将制冷机排放的热量全部带出，导致使冷凝温度升高、制冷机效率降低。所以联邦德国、南非等矿井热害严重的国家，开始在井上建立制冷站或建立井上、下联合制冷站，来避免冷凝温度过高，降温效率低的问题[65]。

20 世纪 80 年代前，矿井工作面空调多用肋片式空冷器，这种空冷器很容易积垢，降低了冷却风流的性能。因此，20 世纪 80 年代初期，在美国、联邦德国、南非的深井中又先后使用喷雾式空冷器。可将其设在井上冷却总进风，又可设在井下不同地点冷却一个采区或一个采面的进风。实践证明，喷雾式空冷器的性能良好，维护工作量少。此外，斗式水轮机和轴流径向水轮机的研制，对喷雾式空冷器的发展也有一定的影响[66]。在矿井空调中，如将空冷器直接用在回采工作面，可大大减少需冷量，使工作面风温均匀，保障工人健康，降低空调费用。但由于工作面空间有限，粉尘较大，空冷器外形尺寸较大，实现起来有一定的技术难度。另外，联邦德国研制了两种供薄煤层使用的空冷器，一种利用冷水压力为动力，借助斗式水轮机驱动空冷器的风机，取消了馈电线路，对安全有重要意义，且其标称换热量超过 5kW，风量超过 $8m^3/min$，而外形尺寸仅 800mm×300mm×200mm，可直接装在掩护支架的挡板上；另一种空冷器为装在铠装输送机侧面，冷风管直径为 300mm，可直接将冷的空气喷入采面，初步试验效果良好[67]。

在我国深井热害的治理工作始于 20 世纪 50 年代。煤炭科学研究院抚顺研究所对煤矿用的充填材料——干馏过的油页岩的放热情况、气温变化和地温情况进行了测定。此后还考察了新汶、北票、抚顺、淮南、平顶山、长广等矿的井下热源，并进行围岩温度预测，同时还试验研制研发了空冷器、制冷机等降温设备，并在孙村煤矿建立起了我国的第一个井下集中空调制冷工作站。继而又联合了部分高等院校及设计院等，在平顶山八矿建立了我国的第二个井下集中空调制冷系统[68]。应前煤炭部的邀请，中国医学科学院卫生研究所先后在开滦、淮南、北票、京西等矿进行了井下各种设备散热量及热气候对工人身体危害程度的调查。此外，中国矿业大学、河北煤矿建筑工程学院、马鞍山钢铁设计院、江苏韦岗铁矿、山东矿业学院以及三河尖煤矿等，也对矿井井下热害问题做了相关调查和试验研究[69]。

通常采取的矿井降温技术主要有通风降温技术、煤壁高压注水及工作面洒水降温技术、应用隔热材料技术、热源隔离和控制技术、人工制冷降温技术、降低空气湿度降温技术、工作面预先通风冷却降温技术以及强掘快采等几项技术。

采用通风降温技术时，一般来说，均需加大风量[70]，降低热源进入风流的热量，尽量减少风流温度的提高；其次是提高风速也能改善人体的散热条件。因此在大断面井巷中多采用大风量通风降温技术。

煤壁高压注水及工作面洒水降温技术在我国很多煤矿使用过，起初是一种降尘措施，采煤时，由于湿煤的水分蒸发吸热起到了降温的作用。同理，在工作面洒水[71]，靠水分的蒸发吸热降温。

应用隔热材料技术[72]多用于巷道、管道和风筒隔热三个方面。使用热导率较低的隔热材料来减少冷、热介质之间的热交换，达到降温的目的。

热源隔离和控制技术[71,72]是使进风流尽量避开热水通道附近和热水可能涌出的局部高温地区。

人工制冷[70~73]降温技术的费用很高，一般不采用，只有在采用加强通风等措施无效时才用。该项技术主要包括天然冷水降温和压缩制冷降温。人工制冷降温技术力求从风流中提取热量。同时也不希望巷道断面面积过大，以免增加风流与围岩的换热面积。

降低空气湿度降温技术[74]，一般从两方面着手，一方面，采取将井下淋水、渗水、流动的水与进风流隔绝，水沟加盖板，在潮湿岩壁上涂上可减缓水分蒸发的烯料油类，用干式除尘代替湿式除尘等措施，以减少空气增湿的机会；另一方面，利用物理化学等方法降湿。有资料表明，空气的相对湿度降低 1.7％，即相当于温度降低 0.7℃，所以采取降低空气湿度以求得温度的降低也是一个可取之法[75]。

工作面预先通风冷却降温技术使用时，要看地温条件、风流参数以及巷道维修费用等是否经济合理。一般在地温不太高，风温超限不多的情况下，才有可能采用此种技术，在短期内使温度降下来[76]。

强掘快采旨在缩短战线，集中生产，集中使用降温手段[77]，提高采掘进度和产量，从而缩短整个工作面煤岩向风流散热的时间，降低吨煤成本中的降温费用。

从我国煤矿的开采现状和发展前景来看，有热害矿井在数量上和热害严重程度上均有大幅度增长的趋势。热害防治工作，在矿井设计时，就对热害治理有比较周密的考虑和安排，这是客观实践向我国煤炭工程科技人员提出的一个新课题，也是我国煤炭工业可持续发展所必须解决的重大问题之一。

## 1.3.2　深部热能利用现状

深部热能是一个很广的范畴，是以热能为主要形式存在于地球内部的热量。按属性地热能可分为水热型地热能、地压地热能、干热岩地热能和岩浆地热能；按照开发利用的目的不同，水热型地热能分为高于 150℃ 的高熔地热能，60~150℃ 的中熔地热能和低于 60℃

的低焓地热能。高焓地热能主要应用于地热发电，中焓地热能主要为洗浴及生活热水等直接利用。高焓及中焓地热的分布具有较大的局限性，而低焓地热却有普遍分布，也易于开发利用。在绝大部分地区地面以下20～30m即可达恒温层[1]，该恒温层温度一般保持在该地区全年平均温度左右。以北京为例，地面以下30m温度可保持在15℃左右，由于地温相对稳定，在夏季温度低于地面气温，冬季高于地面气温。

地热能作为一种资源引起了全世界重视，地热学发展成为一门新的能源科学，是近半个世纪内完成的。意大利早在1904年建成地热发电站，开创了人类利用地热发电的新纪元。冰岛早在1943年就用地热采暖。但直到20世纪60年代之前，地热开发并未引起人们的足够重视[1~4]。1950～1960年间，新西兰、日本、美国相继建成大型地热电站，证明了地热是具有经济价值的资源。1961年，联合国在罗马召开新能源会议，总结了这些经验并把地热资源开发推广到发展中国家，由联合国援助，在智利、土耳其、萨尔瓦多等国家进行地热勘探。1970年意大利受联合国委托，在比萨召开的"地热资源开发利用学术讨论会"是世界上首次讨论地热的会议。随着技术的进步，地热发电的资源利用由干蒸汽扩展到高温热水系统，有专家认为，随着技术的进一步发展，中低温热水系统最终将会用来发电[78]。到20世纪80年代中期，全世界拥有地热发电的国家有17个，总装机容量4760000kW，美国占第一位，菲律宾占第二位，墨西哥、意大利、日本、新西兰等均有一定的装机量[79]。从全世界来看装机量的年增长率一直比较高，而且有越来越高的趋势：1950～1980年平均为7%，1980～1985年为16.5%。到20世纪80年代末，世界地热发电装机容量为$5.82 \times 10^6 kW$，2000年仅北美预计增加容量$4.2 \times 10^6 kW$。

我国地热工程技术的发展已经历了三代技术[1]。第一代技术是地热地质技术，即以地热地质勘探技术为主体，以简单的直接利用为标志，如洗浴、生活热水的直接利用等。20世纪70年代初，在著名地质学家李四光教授的倡导下，开始了大规模的地热资源普查勘探工作，揭开了第一代技术的序幕。第二代技术是工程热物理技术，即工程热物理专家介入后，是以换热器、热泵等地热利用设备的出现为标志的。第二代技术的特点是：①地热利用率显著提高；②利用工艺上依赖于设备的性能；③设计理念上是尽量发挥单个设备的性能潜力；④设计方法分别为地质学范畴里的地下工程设计，以及热物理学领域的地面工程设计，二者互不联系，很难实现对设备系统工艺参数及地热资源的整体优化设计。因此，经济效益不高，环境效益不好；⑤地热的概念是狭义的，如25℃或40℃以上的称为地热。这样就造成了富热和贫热之分，使地热应用的广泛性受到严格限制。第三代技术是集约化功能技术，是20世纪90年代后期发展起来的，由中国矿业大学（北京）何满潮教授首次提出的，它是面向工程对象，通过地上地下工程一体化设计平台，实现各种地热资源、设备、工艺参数整体优化组合和整个利用系统功能达到最佳的现代化地热工程技术。第三代技术的特点是：①地热利用率大幅度提高。把第二代技术的一级利用改进为三级梯级利用，地热利用率从50%左右提高到90%以上。②地热利用工艺显著优化。不再依赖于单一设备的性能，而注重于多种资源、各种设备的优化组合，重视整个系统工艺的功能达到最佳。③现代的设计理念。不再强调发挥设备的潜能，而强调面向工程对象，发挥当地资源的优势，发挥工艺系统中的设备优化组合的功能优势。④先进的设计方法。即地上、地下工程一体化非线性设计方法。该设计方法的步骤如下：首先了解热储岩层的矿物组成及其三相介质的物理化学特性、热工参数等情况。其次针对热储资源特点研究治理的对策，包括资源优化配置、工程防腐、资源保护、高效利用、回灌防堵等对策；然后进行工艺优化设计。⑤具有学科交叉，可使各学科的优势互补，实现突破。第三代地热工程技术的诞生，除了信息技术和一体化非线性设计平台外，地质学和工程热物理学的有机组合，起到了催生素的作用。⑥广义地热概念的建立，开拓了第三代工程技术的广阔前景。广义地热概念是一个相对的概念，将对地热概念的理解由温度条件因素转为热能条件因素，因此在广义地热概念中，这种25℃的地下水也是地热的概念范畴。这样就使地热利用的广泛性大大拓展，由此产生了城市富热地区梯级高效利用新工艺，城市贫热地区多热源联动运行空调新工艺和城市郊区地热生物工程技术体系（地热农业、地热养殖、地热蔬菜、地热花卉等），从而开始了一个城市的城区和郊区全面利用地热新能源的新纪元。

经过近半个世纪的发展，我国地热能开发利用技术已经有了长足的进展[1]。据IGA2000年统计，我国地热直接利用量已达10531GW·h（2000年），居世界首位。地热利用领域也不断扩展，勘探、开发、利用技术不断创新。特别是针对中低焓地热的地热资源梯级利用技术、混合水源联动运行空调技术、地热生物技术和深部地层储能反季节循环利用技术在供暖、空调、环保等方面存在的问题提供了有效可行的解决方法[80]。

## 1.3.3 HEMS深井热能利用工程实例

张双楼煤矿HEMS深井热能梯级开发利用示范工程：

### 1. 项目概况

徐州矿务集团张双楼煤矿坐落在江苏沛县境内，现有职工5800人。该矿设计能力为120万t/a，核定能力170万t/a，投产以来，已累计生产原煤1316万t，为国家能源生产做出巨大贡献。

张双楼煤矿井田面积34km²，探明地质储量2.7亿t。生产的气煤、气肥煤具有低灰、低硫、高挥发、高发热量等特点，适用于电力、冶金、建材等行业；有筛混中块、筛混煤等多个品种，发热量在22.16～26.34MJ/kg之间，是理想的动力用煤。

张双楼煤矿地下水丰富，矿井总涌水量为1250m³/h。为井下生产安全，现由水泵排入地表水体，未加以利用。

张双楼煤矿冬季需要对地面建筑和主、副井口防冻供热。现有供暖建筑总面积21.56万m²。现有供热系统采用两台10t燃煤锅炉，全年耗煤11970t。对环境污染严重，年排放$CO_2$约17000t、$SO_2$约98.3t、氮氧化物约83.9t、烟尘约16t，急需对燃煤供热系统进行改造，以降低运行费用，改善环境质量。

### 2. 矿井涌水资源条件

目前，张双楼煤矿矿井正常涌水量为1250m³/h。其中，−500m水平正常涌水量为670m³/h（山西组砂岩裂隙水为486m³/h，太灰水为174m³/h，太灰水和山西组砂岩裂隙水的比例接近35%），−750m～−1000m水平矿井涌水量为160m³/h（山西组砂岩裂隙水为125m³/h，太灰水为35m³/h，太灰水和山西组砂岩裂隙水的比例接近28%），现由−500m中央泵房负责上排至地面；西四采区涌水量为420m³/h，由西风井单独上排至地面，该水源均为太灰水。

矿井井口排放水温28℃。为了降低泵耗，中央泵房实施低谷电间歇性排水，正常排水时间为01：00～08：00、13：00～17：00、21：00～24：00，最大间隔排水时间为5h。

**3. 技术原理**

深井热能梯级开发利用系统是针对深井开采高温热害开发并利用所研发的一套工艺系统，其工作原理是在井下建立深井热能井下利用系统，提取矿井水冷能，解决深井热害问题；在井上建立深井热能井上利用系统，提取矿井水热能，解决矿区供暖、洗浴供热以及食品加工和衣服烘干等供热问题；同时解决夏季的制冷空调问题。图 1-6 是深井热能井上井下循环利用系统框图。

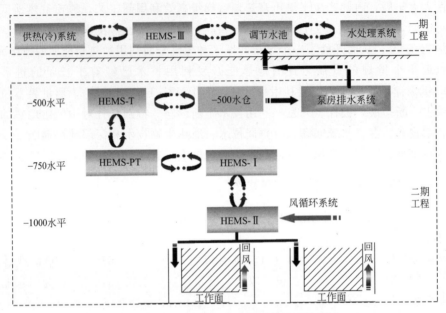

图 1-6　深井热能井上井下循环利用系统框图

整个工艺系统由井上地面供热（冷）系统和井下深井降温系统组成。

（1）Ⅰ期工程 [地面供热（冷）系统]

在地面设置 HEMS-Ⅲ 热（冷）能利用工作站，通过提取矿井水中的热（冷）能，通过 HEMS-T 进行热量交换，二次侧的水进入 HEMS-Ⅲ 机组的蒸发器端，通过 HEMS-Ⅲ 机组工作后以水为介质带出的热量进行建筑物供暖、洗浴及井口加热等，从而取代了地面锅炉系统，实现了地面供暖系统零污染。

（2）Ⅱ期工程（井下深井降温系统）

1）在井下 −500m 水平设置 HEMS-T 换热工作站，从矿井水中提取冷量，供给 HEMS-PT 压力转换工作站；

2）在井下 −750m 水平设置 HEMS-PT 压力转换工作站，用以降低设备承受压力，并将热量传递给 HEMS-Ⅰ 降温工作站；

3）HEMS-Ⅰ 降温工作站出来的冷冻水直接供给 HEMS-Ⅱ 系统；

4）在井下 −1000m 水平设置 HEMS-Ⅱ 降温工作站，对 −1000m 高温工作面和掘进断头进行降温。

张双楼深井热能梯级开发利用系统Ⅰ期工程利用 −500m 及 −750m 水仓抽到调节水池的 28℃ 的矿井涌水作为低温水源采用高科技产品 HEMS-Ⅲ 吸收热量并升高温度为张双楼煤矿工业广场建筑物供暖、井口防冻供热以及洗浴。对矿井水采取梯级利用的方法，即由

22～14℃、14～6℃分段降温取热，达到能源利用的最大化。整个系统分为地热机房设计、外网工程设计、洗浴系统设计、井口加热系统设计、水源设计、自动控制系统设计六大部分。设计总框图见图1-7。

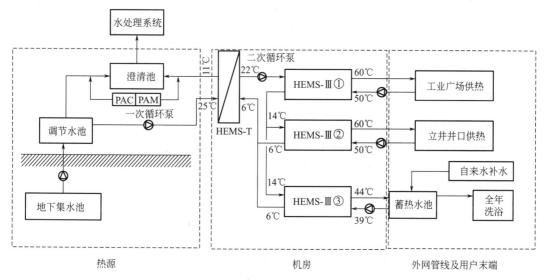

图 1-7　张双楼煤矿深井热能梯级开发利用系统设计总框图

**4. 系统特点**

深井热能开发利用工艺系统所利用的热源是矿井涌水，充分利用地层能，保证了资源的可持续利用和发展，整个生产系统，无污染，最大程度地减少了废气废物的排放，有效地保护了生态环境，具有显著的社会效益。

系统运行后所提取出的热量以水为载体（即以热水的形式）返回地表，通过 HEMS-Ⅲ机组进行热量的提取，最终通过向建筑物、井口供热及洗浴、食品加工和衣服烘干的形式完成能量的充分利用，形成上下循环生产，井下制冷，地面供热的节能系统。该系统可以大大降低深井热害控制及供暖系统的运行成本，取得良好的经济效益。

**5. 系统实施**

根据工艺系统施工图，完成了现场施工安装并进行了调试运行。图1-8 为张双楼煤矿通过 HEMS-T 三防换热器矿井涌水污水图；图1-9 为 HEMS-T 三防换热器安装实物图；图1-10 为 HEMS-Ⅲ机组安装实物图；图1-11 为系统循环泵安装实物图。

图 1-8　通过 HEMS-T 三防换热器矿井涌水污水图

图 1-9　HEMS-T 三防换热器安装图

图 1-10　HEMS-Ⅲ机组总体安装图

**6. 系统主要成果**

1）提出了利用矿井涌水中的热能和冷能，对矿井水进行两次提热和提冷，进行了梯级开发利用，冬季井上供暖和夏季井下制冷的张双楼循环生产节能减排模式，并开发了相应的工艺系统、设备及配套技术，具有节能、高效、环保的特点。

2）研发了 HEMS-T 防腐换热装置，解决了矿井水物理磨蚀度高、高矿化度、化学腐蚀性强的问题。

3）研发了 HEMS-Ⅱ-Shaft 高效散热器，并对其合理布置，利用井口负压，使空气流通过散热器后升温，保证了井口防冻供热。

图 1-11　二次侧和末端循环水泵安装图

4）通过对洗浴系统温度和液位的精确控制，使洗浴系统更节能，稳定，自动化程度高。

### 1.3.4　深部热资源梯级利用技术及应用实例

#### 1. 技术原理

深部热资源梯级利用技术，是利用深部地热为供热源设计的热、水双循环系统梯级利用技术，即：根据建筑物的规模、负荷、末端设备等进行分类，将建筑物分成若干组团，根据各组团的负荷，再将系统总负荷划分成几个部分，并且要结合各组团设计参数和负荷量来确定系统各部分的参数，同时使各部分参数与负荷之间相互耦合，优化配置，在满足各部分负荷要求的同时，使整个系统总负荷能力得到增强。

其具体的实施方法如下：

第一梯次：通过地热井开采出地热水，经过换热器，提取热能，进入管网系统供热，即为第一梯次。

第二梯次：是将经过一级换热的地热水进行再次换热，提取能量供地板辐射采暖系统为建筑物供热，即为第二梯次。

第三梯次：由第二梯次系统排出的地热水，进入热泵机组进行温度的提升后，供小区新开发的采暖，或者由热泵机组将温度提升后，将热送回第二梯次热网中，供热负荷并入第二梯次热网中，即为第三梯次。

热泵机组排出的地热水由另一眼地热井回灌到地下。至此完成了一个循环过程。

地热资源梯级利用工艺见图 1-12，该技术的目的是使地热供暖从一级利用扩展到多级利用，从而充分发掘地热资源的潜力，减少环境污染，提高能源利用率。

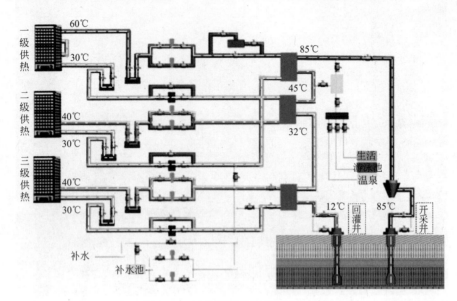

图 1-12　地热资源梯级利用工艺图

**2. 应用实例**

天津市华馨公寓地热资源梯级利用技术实例：

华馨公寓位于天津市河东区（图 1-13（*a*）华馨公寓外景图），建于 1999 年，规划建设面积 20 万 m²，一期有 13.7 万 m² 的采暖及生活用水，二期供暖面积 6.3 万 m²。2002 年，由于小区建设的需要，又新增了供暖面积 4.5 万 m² 左右。小区所处位置，地热资源条件较好。热储层为蓟县系雾迷山组，出水温度 85℃ 左右，出水量为 90～130m³/h。

总投资 1200 万元，单位造价 60 元/m²，运行费 8 元/m²。图 1-13（*b*）华馨公寓机房设备布置。

### 1.3.5　混合水源联动运行空调技术

**1. 技术原理**

混合水源联动运行空调系统的基本技术原理是：利用城市中水（如：工业废水、经处理后的城市污水等）、地热尾水、湖水等这些低品位的能源作为空调系统的热源和冷源；根据气温和水温的变化特点（在冬季，水温比大气温度高，在夏季，水温比大气温度低），在冬季，利用 HEMS-Ⅲ 机组提取水中热能进行建筑物供暖，当用热高峰期，从这些水源提取的热量不足时，可利用高温地热水进行调峰；在夏季，利用 HEMS-Ⅲ 机组提取水中的冷能进行制冷和降温。

混合水源联动运行空调技术包括：供暖与制冷功能两大循环系统，具体工艺过程如下：

冬季初寒、末寒阶段，系统从中水中提取热能，采取并联方式送入热泵机组，机组将热能提升，然后送入建筑物供采暖。用热后的中水经过压差调节泵进行压差补偿后送回中

(a)

(b)

图 1-13　华馨公寓

（a）外景图；（b）机房设备布置

部管网。当中水系统下游无水量消耗时，可使用人工湖水，由提水泵从湖水中提水，经净化装置净化后，进入热泵机组（并联），使用后的湖水再返回到人工湖中。

　　严寒期，系统将启动地热水，经过除砂净化后进入特制混水器，与系统中的低温回水混合（按满足系统运行参数的配比），以串联方式进入热泵机组，形成梯级取能，提高利用率。夏季，使用空调制冷时，利用提水泵提取湖水，送入热泵机组提取冷能供建筑物制冷，提冷后的湖水通过管网回到湖中；湖水水量不足时，可以利用中水进行补充。混合水源联动运行空调工艺如图 1-14。

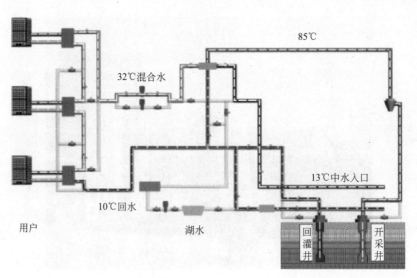

图 1-14　混合水源联动运行空调工艺图

**2. 应用实例**

天津 975 工程混合水源联动运行空调技术实例：

天津 975 工程位于天津市河西区友谊南路与珠江道的交汇处，建筑总用地 20.81 公顷，其中可建设用地 17.87 公顷，（含水面 6.12 公顷，城市道路绿化用地 1.05 公顷），其他用地 2.94 公顷，规划总建筑面积 90500m²，一期建筑面积 61100m²。

975 工程项目的建筑密度为 16.22（不含水面、城市道路绿化用地），绿化率为 35.51%（不含水面、城市道路绿化用地），容积率为 0.6（不含水面、城市道路绿化用地）。建筑总平面设计非常注重整体环境的绿化和美化，竣工后的 975 工程将成为天津市的一道亮丽风景。

该工程室外设计有处理后的中水构成的人工湖，水面面积为 6.12 公顷，且中水及雨水不断地予以补充。

建筑物室内空调系统为双管制风机盘管加局部新风系统，水系统立管设置在管道井内，新风系统的送风口设置散流器或双层百叶可调试送风口。

图 1-15 为 975 工程设计效果图。图 1-16 为 975 工程设计鸟瞰图。

天津 975 工程可利用的地表水源有三部分，水资源条件十分优越，得天独厚。

（1）城市中水

距该项目建设地 1.5km 处，由市政投资建设的一座规模为 50000t/d 的中水处理厂即将竣工，其中提供工业用的中水为 30000t/d，生活用的中水 20000t/d。两种水均通过环状管网向周边的工厂和住宅区供应。预计铺设管网总长度为 55km，其中工业用中水管网 35km，生活用中水管网 20km。

1）管网投入使用时间：生活用水管网已投入使用，2004 年达到设计能力；工业用中水管网也已投入使用，2004 年达到设计能力。

2）管网水力工况：供水压力为 0.28MPa，管网供水小时变化系数设计取值为 1.6。

3）水质参数：

图 1-15　975 工程设计效果图

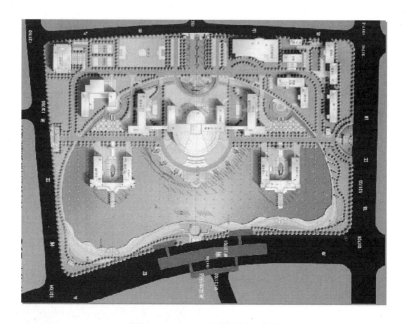

图 1-16　975 工程设计鸟瞰图

温度：冬季平均温度为 12～13℃，极端最低温度为 10℃；夏季平均温度为 20℃，极端最高温度为 25℃。管网内水温最高不超过 30℃。

浊度：工业用：≤20 度；生活用：≤5 度。

SS（悬浮物）：工业用：≤10mg/L；生活用：≤5mg/L。

pH 值：6.5～9。

总硬度（$CaCO_3$ 计）：≤300mg/L。

氯化物（Cl⁻计）：≤300mg/L。

（2）湖水

975 工程建设用地内原有 1 个自然养鱼塘，按建筑设计要求，将其改造成为 47000m² 水面做景观。建成后水体总量为 90000m³。冬季冻线下平均水温为 5℃左右，夏季平均水温为 22℃。

（3）二沉池水

距 975 工程 1km 处的天津纪庄子污水处理厂可提供满足 HEMS-Ⅲ机组需要的低温热源水。据天津市中水有限公司介绍，该污水厂日处理能力为 26 万 t/d（可满足 18 万 m² HEMS-Ⅲ机组供热需要），可直接从二沉池排出口取水。

水温：冬季最高 15℃，最低 12℃，平均 13℃；夏季最高 25℃，最低 20℃，平均 23℃。

pH 值：6.5～9。

SS（悬浮物）：≤20mg/l。

浊度：≤30 度。

总硬度（CaCO₃计）：≤200mg/l。

氯化物（Cl－1计）：≤150mg/l。

975 工程总投资 1760 万元，288.1 元/m²，冷热源投资 707 万元，137.7 元/m²。运行费用 15.33 元/m²。机房设备布置见图 1-17。

图 1-17　机房设备布置

## 1.3.6　深部地层储能反季节循环利用技术

**1. 技术原理**

深部地层储能反季节循环利用技术的基本原理是在冬季把冷能储存于深部地层冷能库，在夏季把热能储存于热能库，通过地表空调系统，在冬季抽取热水源供暖，在夏季抽取冷水源制冷，实现"冬灌夏用"解决制冷及"夏灌冬用"进行供暖的反季节循环利用。深部地层储能反季节循环利用技术工艺系统见图1-18。该技术不仅可以解决制冷供暖等问题，同时还开发了新能源，节约了资源，而且还减少了环境的污染。

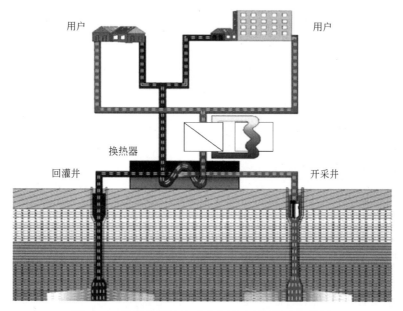

图1-18　深部地层储能反季节循环利用技术工艺图

### 2. 应用实例

天津市地矿宾馆深部地层储能反季节循环利用技术实例：

长期以来，天津市地矿宾馆（图1-19）冬季采用传统的锅炉方式供暖，夏季采用普通空调制冷。城市改燃工程的实施已不允许采用小型燃煤锅炉供暖，而地处中心城区的地矿宾馆面临着煤锅炉必须关掉，集中供热大网又难以接上，采用燃气、燃油都存在成本高、安全性差的问题。同时，建筑物原有的电力配置已满足不了增加的空调负荷，常常掉闸断电等。针对这一系列问题，宾馆决定采用深部地层储能反季节循环利用技术进行供暖与制冷系统的改造。

图1-19　地矿宾馆外景图

根据宾馆的负荷要求，开凿了一对浅层淡水井（井深 200m 左右），一采一灌，达到采灌平衡。冬季，将地热井（1 号井）中的水提升出来，进入水源热泵机组降温后，水温降低至 7℃左右，然后回灌至冷水井（2 号井）中储存，由水源热泵提取的热能用来供暖。夏季，将冷水井中的水提出来，经水源热泵机组提温后，水温升高至 20℃左右，回灌至热水井中，待冬季需要热水时，将热水提升出来作为热泵机组的热源，由水源热泵提取的冷能用来制冷。利用两口井实现了冬季用热、夏季用冷，达到高效、节能、环保的效果。

一期初投资：91.7 万元，150.2 元/m²，二期初投资：139.7 万元，95.1 元/m²。冬季运行费用 7.9 万元，13 元/m²，夏季运行费用：3.7 万元，6 元/m²，全年运行费用 11.6 万元，19 元/m²。

图 1-20 为改造后的水源热泵机组布置，图 1-21 为改造后的机房管路。

图 1-20　改造后的水源热泵机组布置

图 1-21　改造后的机房管路

## 1.4　本书主要研究内容

本书依托以何满潮教授为首席科学家的"国家重点基础研究发展计划（973 计划）—深部煤炭资源赋存规律、开采地质条件与精细探测基础研究（2006CB202200）"，通过对三河尖矿现场工程的实际情况调查，分析三河尖煤矿深井高温热害特点，三河尖矿水文地质条件及地热资源条件，对深部矿井奥陶系灰岩水与围岩传热机理进行理论分析及数值模拟研究，揭示其传热规律；进而提出研究 HEMS 技术进行深井热害控制后，将深井高温工作面置换到矿井涌水中的热能与奥陶水的热能综合利用，进行井上冬季供暖，实现深井高温热害资源化 HEMS 井上井下联合利用，一并解决深井热害资源化利用问题以及高温奥陶系灰岩水闲置未用造成热资源浪费问题，同时消除奥陶系灰岩水存在透水的隐患，并解决高耗煤及环境污染问题。

本书拟做以下几个方面的研究工作：

（1）通过分析矿区的水文地质条件，地温场及奥陶水特点，找出三河尖矿存在的问题。

（2）建立在抽水供热条件下围岩多孔介质的换热模型，运用多孔介质理论分析三河尖矿奥陶水与深部围岩之间的传热过程，揭示其传热机理。

（3）建立三河尖矿奥陶系灰岩含水层供热能力的数值分析模型，采用计算流体力学数值分析软件 FLUENT，研究在定流量不同进水温度时，奥陶水的温度场变化规律；定水温不同流量时，出口水温度、进出水口温差和传热量的变化规律，并绘制在定流量工况下的温度场分布图。

（4）依据上述重要结论，进行三河尖矿深井热害资源化利用工程设计，设计以奥陶水、矿井涌水为热源的深井高温热害资源化 HEMS 井上井下联合利用工艺。

# 1.5 本书研究方法及技术路线

## 1.5.1 研究方法

通过对三河尖矿的地质构造和各个地层钻孔地温实测资料，水文地质条件及地热资源条件，包括区域水文地质，地温分布条件，区域含水层划分及其特征，地下水补、径、排条件分析，确定三河尖矿深井高温热害特点，指出三河尖矿存在的问题。

运用传热学、流体力学、工程热力学、地下工程学、地质工程学、多孔介质理论以及其他相关学科的基础理论及方法，揭示三河尖矿奥陶水与深部岩体之间的传热机理。

应用计算流体力学 FLUENT 软件，进行奥陶系灰岩含水层回灌的数值分析，研究奥陶系灰岩含水层温度场的变化规律，确定其稳定供热能力。

本书还采用理论研究与现场工程实践相结合的方法，采用 HEMS 技术，将理论研究成果运用于三河尖矿热害控制及其资源化利用工程设计中。

## 1.5.2 技术路线

根据上述研究内容和研究方法，本书的研究路线如下：

（1）根据深部热害控制与深井高温热害资源化利用研究现状，收集国内外文献以及三河尖矿的地温实测资料、当地气象资料、水文地质条件等资料。

（2）分析三河尖矿存在的难题：1）三河尖矿深井热害问题；2）锅炉采暖高耗煤及环境污染问题；3）高温奥陶系灰岩水闲置存在透水隐患的问题。

（3）研究分析可解决上述问题的资源条件：矿井涌水和奥陶水的特点。

（4）运用流体力学、工程热力学、传热学、地下工程学、多孔介质理论等，分析奥陶水与深部岩体之间的传热机理和规律。

（5）选择合适的数值分析软件，采用数值分析的方法，通过建立数值模型，获得不同工况下奥陶水温度场分布的规律，确定其供热能力。

（6）在上述研究的基础上，结合三河尖矿的水文资料、地质资料，以及当地的气象资料，采用 HEMS 技术，进行三河尖矿深井热害资源化利用工程设计和效果分析。

# 1.6 创新点

根据以上的研究内容，本书拟得出以下几个创新点：

（1）建立三河尖矿在抽水供热条件下奥陶水和围岩多孔介质换热模型，运用多孔介质中的传热传质理论进行分析，揭示奥陶水和深部围岩的传热机理。

（2）依据三河尖矿水文地质特点，建立奥陶水和深部围岩相互作用的数值模型，在满足三河尖矿工业广场用热的工况下，分析：1）定流量不同进水温度时，奥陶水的温度场变化规律；2）定水温不同流量时，出水口温度、进出水口温差和传热量的变化规律。并绘制在定流量工况下的温度场分布图。

（3）依据上述重要结论，进行三河尖矿深井高温热害资源化利用工程设计，设计以奥陶水、矿井涌水为热源的深井高温热害资源化 HEMS 井上井下联合利用工艺。

# 第 2 章  三河尖矿水文地质条件及地热资源条件分析

本章主要分析三河尖矿水文地质条件及地热资源条件，包括区域水文地质概况，井田水文地质条件，三河尖矿深井开采岩体温度场特征，区域含水层划分及其特征，地下水补、径、排条件；分析矿井涌水、奥陶水、第四系含水层的水质、水量、流速等地热资源特点。

## 2.1  区域水文地质条件

### 2.1.1  区域构造地质

徐州市位于苏鲁豫皖四省交界处，区域构造形迹十分醒目，总体为 NE 向延伸、W 向突出的弧形构造——徐-宿双冲叠瓦扇构造。该构造由一系列呈弧形弯曲的，线性紧闭的不对称褶曲和走向逆冲断层及断陷盆地所组成。根据褶曲断层组合在不同地区发育程度不同，以 NW 向的废黄河断层和 EW 向的宿北断层为界，将该构造划分为北、中、南三段。各段不仅各具特征，而且具有 EW 分带的特点，尤以中段特征更为明显。

三河尖煤矿位于徐州市沛县龙固镇境内，主井地理坐标为东经 $116°47'25''$，北纬 $34°54'38''$。地处苏鲁边界，东临昭阳湖，西临丰县，北与山东省鱼台县接壤，东南距徐州市 92km，至沛县 27km，西北距鱼台县城 19km。徐济公路穿过该井田，东北距京杭大运河 6km，可进行水陆运输。大屯煤电（有限）责任公司铁路专用线通至矿区，交通较为方便。

丰沛煤田位于华北地区东南部，属鲁西南区。按地质力学的观点位于秦岭东西向构造带北支，新华夏系第二隆起带西侧，东邻郯庐大断裂带。

煤田经过多次构造运动形成了四个主要构造体系，即 EW 向、SN 向（NNE 向）、NE 向、NW 向。各构造系列之间经过互相切割、控制、改造和继承，形成了以 EW 向、SN 向（NNE 向）构造系列为骨架，NE 向、NW 向构造系列为内容的构造面貌。

该区域主要构造为 EW 向区域构造，主要褶曲有：丰沛复背斜、凫山复背斜及它们之间的复向斜。主要断层由北向南有：汶泗断层、凫山断层、丰沛断层、宿县断层等。多数表现为北升南降的正断层，走向延伸达 200km 以上，断距在 4000m 以上，成为岩浆岩通道。这类断层规模较大，落差大，倾角大，形成较早且多次活动，一般被 SN 向大断层切割。

近 SN 向（NNE）区域性大断层由东向西有：郯庐断裂带、仓山断层、峄山断层、孙氏店断层、嘉祥断层。这些断层大小不等，走向延伸长，一般为切割较深的高角度正断层，多数东升西降，形成了地堑或地垒构造。

EW 向和 SN 向的区域构造控制了井田含煤地层的保存，它们将本区切割成若干棋盘格式断块。三河尖井田所在的丰沛煤田处在凫山断层、峄山断层、丰沛断层、嘉祥断层所围成的方格中。

在这个方格中，岩层倾角一般平缓，断裂较多，褶曲稀少。褶曲主要有 NE 向的滕鱼复背斜；断裂构造中以正断层为多，正断层中规模大的断层（如 $F_1$、$F_{24}$）一般北升南降（丰沛煤田内形成一系列抬斜断块），切断基底变质岩，构成岩浆通道，而且多次活动，成为井田边界并影响井田内中小型构造发育分布。逆断层较少且是表层断层，与 NE 向的滕鱼背斜同期形成。

三河尖井田位于丰沛煤田的西北隅，滕鱼背斜向西南的延伸部分。受后期构造运动的切割，形成了一套不完整的 NE 向次一级复背斜构造。以龙固背斜为主体向东西两翼又伴生次一级的向背斜构造及逆断层，逆断层（$F_2$）未切割 K-J 新地层；后经燕山期剧烈的构造运动，产生一系列较大张性断裂，切割 K-J 地层，破坏了龙固背斜的完整性，伴随有岩浆岩侵入。按构造线方向主要可分为 NE 向、NW 向、EW 向、NNE 向四组。如图 2-1 和图 2-2 所示。

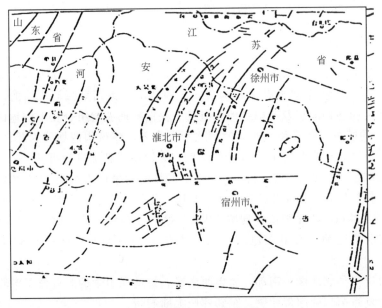

图 2-1　徐州弧形构造图

## 2.1.2　区域水文地质

三河尖煤矿位于半封闭的滕县背斜储水构造水文地质单元的西南侧。该储水构造除三河尖煤矿外，还包括大屯煤电集团公司的龙东煤矿、姚桥煤矿，徐州天能集团的龙固煤矿及山东兖州矿务局的柴里煤矿，图 2-3 为三河尖矿区域水文地质图。其主要水文地质特征有：

（1）滕县背斜倾伏方向 S60°W，轴部广泛发育奥陶系，并接受来自东侧边界——峄山断层（正断层，走向近南北，倾向西，倾角 75°，落差大于 1500m）以东的径流补给。

（2）北侧以鱼台～北徐庄断层（正断层，走向近东西，倾向北，倾角 70°，落差 200～480m）为界，它与凫山断层形成地堑块，煤系地层上覆盖了较厚的侏罗—白垩系地层，构

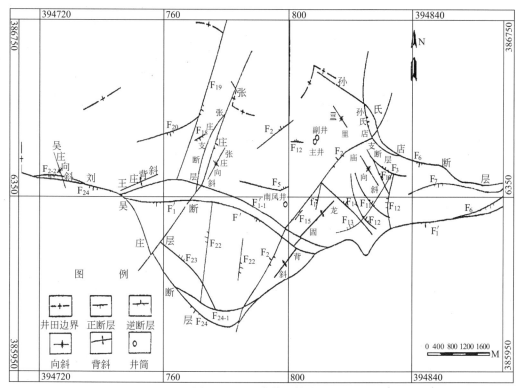

图 2-2　三河尖井田构造图

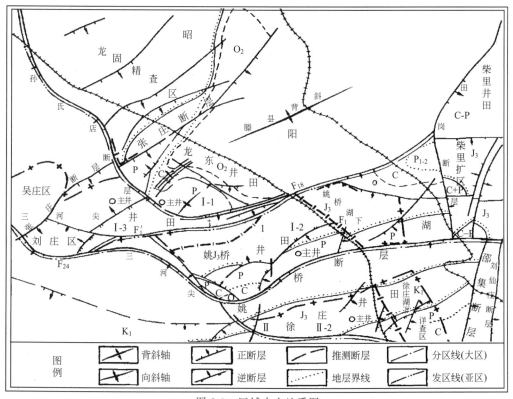

图 2-3　区域水文地质图

成了相对的隔水边界。

（3）南侧以 $F_{24}$ 断层（正断层，走向近东西，倾向南，倾角 $60°\sim65°$，落差 1500m。区域称三河尖—姚桥断层）为界。该断层北升南降，在南侧沉积了一套很厚的侏罗—白垩系地层，构成了隔水边界。

（4）本水文地质单元西侧覆盖了巨厚的侏罗-白垩系地层，煤系地层埋藏深度在 −1000m 以下，构成了西部的弱隔水边界。

（5）该储水构造东部由于受 $F_{19}$（又称程楼断层。正断层，走向近东西，倾向南，倾角 $70°\sim75°$，落差 $310\sim500m$）和田岗断层（走向近南北，倾向东，倾角 $75°$，落差 $0\sim470m$）的作用，造成了奥陶系含水层与太原组灰岩含水层多处对口接触，成为本单元煤系地层接受奥陶系含水层补给的进水口。同时，在滕县背斜的倾伏端发育了一系列与滕县背斜轴一致的次一级背向斜，背斜轴部已被剥蚀夷平，形成了 7 煤无煤带和煤系含水层的天然透水天窗，可以接受沿滕县背斜轴部而来的高水头地下水补给。沿着滕县背斜向西南倾伏方向，可分为三个水文地质区，即水文地质条件自东向西由复杂逐步变为简单，这已从大屯煤电公司龙东煤矿、姚桥煤矿和徐州矿务集团三河尖煤矿矿井开采中得到了证实。

### 2.1.3　区域地层概况

三河尖井田位于丰沛煤田西北隅，属华北地层区。全区是在前寒武系的结晶基底上沉积了以后的一套地层，包括寒武系、奥陶系，主要为巨厚层的碳酸岩沉积。从晚奥陶世开始到早石炭世，本区受加里东运动的影响隆起成陆，处于剥蚀状态，缺失了上奥陶统、志留系、泥盆系和下石炭统。之后地壳下降，沉积石炭—二叠系含煤地层，是本区的主要聚煤期。丰沛煤田含煤特点（煤层厚度、含煤性等）受南北沉积分异的制约，处于山东煤田与淮北、淮南煤田的过渡带。石炭—二叠系含煤建造形成之后，在各期不同构造运动影响下，遭到不同程度的剥蚀，在此基础上以不整合关系沉积了侏罗—白垩系红色碎屑岩。新生代在断陷盆地内沉积了砖红色的第三系、第四系覆盖在各地层之上。

## 2.2　井田水文地质条件

### 2.2.1　井田构造地质

三河尖矿井小构造主要表现形式是小断层，小的褶曲发育较少，且幅度不大，对生产影响较小；而小断层是影响矿井生产的重要因素，是地质工作的重要研究对象。

三河尖矿井的断裂构造由于不同期次、不同规模、不同方向和不同性质断裂的复合与叠加，呈现出一幅较为复杂的构造图像。但这些构造并不是杂乱无章的，而是按照一定的规律组合与匹配的，只有深入研究其内在规律，才能从本质上认识矿井构造特征，并根据其规律性进行构造预测，为煤矿生产提供可靠的地质保证。

三河尖矿井小断层在同性性、方向性、分区性和成带性等方面都具有一定的规律。

**1. 同性性**

三河尖矿区小断层的一贯显著特点是同性性十分明显，即以正断层的发育为特色，除极少数断层为具有挤压性质的逆断层外，其余的断层在矿井中均表现为张性的正断层特点，这一特点在矿井中的不同区段都是较为一致的。

虽然绝大多数断层的性质均为正断层，但它们的延伸方向和规模存在着较大的差别，说明并不是同一应力场的产物，而是反映了地质历史中不同演化阶段构造应力场的作用和特点，分别为特定应力场的产物。但先期形成的断裂构造对后期构造的发育具有明显的控制作用，而后期的断裂构造对先期的断裂又产生了较为强烈的改造作用，使矿井构造更加复杂化。尽管断裂的现存效应为正断层，但并不能排除断裂演化史中性质的转变。如 $F_2$ 断层表现为明显的逆冲性质，与其他规模相近的 NE 向正断层性质极不协调，其中必然存在着更为复杂的构造演化历史和断层性质转变的历史过程。再者规模较大的断层对小断层具有明显的控制作用，大断层的发育奠定了矿井的构造骨架，是矿井中的主体构造，而小断层对大断层具有依附性，它们分属于不同大断层的派生构造或次级断层。

除正断层外，在矿井的局部地段还见有逆断层发育，其中具体可分为高角度和中低角度两种类型。走向分别为 NE 和近 EW 向。但在高角度逆断层所夹持的断块中，脆性破裂构造发育，局部可以形成张性角砾岩，裂隙多被方解石脉所充填。反映了构造变动的多期性和构造性质的转变，即在早期压性构造的基础上又叠加张性变形。在挤压变形作用的过程中，不仅可以形成逆断层，而且即使灰岩这种刚性较强的岩层也发生了褶皱变形，显示了较强的挤压应力作用。这两种不同产状的逆冲断层反映了两期不同挤压作用，分别为近 SN 向和近 NW～SW 向。近 SN 向的挤压作用相对发育的时间要早些，被后期所形成的近 NE 向逆断层及 NE 向的逆冲断层所切割。而沿 NE 向逆断层发生的张裂作用的时间更晚。这一局部地质现象的揭露，也从侧面反映三河尖井田断裂构造的复杂性，即一些断层在早期挤压逆冲的基础上又叠加内伸展张性裂隙变形。在局部地带后期张性变形的断距没有超过早期的逆冲断距，因而保留了早期的逆断层效应；而矿井中绝大多数的后期断层断距超过了早期的逆冲断距，从而显示了正断层的特征，但不能否定早期的挤压逆冲变形作用。

**2. 方向性和分区性**

断裂构造形成是地质演化过程中特定构造应力场作用的结果。地应力是一种矢量，其量纲不仅有强度，而且有作用方向，在这种定向应力作用下形成的构造必然具用方向性。三河尖矿井断裂构造的展布方向主要有近 EW、NE、NNE、近 SN 和 NW 向等多组，与区域构造有极好的对应关系，但由于受到不同边界断裂的控制，矿井中不同的区段或块段小断层的发育情况略有差别，正是这种差别的存在，使得矿井构造的总体规律更难把握，增加了矿井生产的难度。

东一采区小断层的定向性相当明显，走向 NE60° 的小断层最为发育，占 13.7%，在走向 N50°～E70° 之间的小断层占 31.4%。从图 2-3 可以看出：该组断层倾向多数为 SE 向，该组断层显示了 NE 向的构造挤压作用，但在剖面上很难构成地堑—地垒式组合。走向近 EW 的断层也相当发育，走向在 80°～100° 之间的断层占 31.7%，该组断层倾向多数向 N，这与大构造倾向正好相反，且倾角差别较大，反映了近 EW 向构造形成机制或演化的复杂性。

西一采区断层走向，断裂构造的展布方向较为杂乱。较为优势的方向是 NS 和 EW，NW10～NE10 走向的断层占 22.3%，该走向断层倾向 E 较多一些；NWW 向（近 EW）90°～110° 走向断层占 22.4%，该组走向断层倾向 N 较多一些。这两组断层倾角较小，一般 40°～50°，显然应归属于两个不同期次的构造应力场的作用，即反映了 NS 向和近 EW

向的两期构造挤压作用。另外，NW50°走向断层也较发育占 8.4％，NE 向断层相对东采区不甚发育，也从侧面反映了两区构造的差异性。

西一采区和东一采区小断层的发育虽然各有特点，但却存在着共性，尤其主体构造的发育方面更加突出，如两区都显示了 NE 向的高倾角正断层占主导地位，NS 向和近 EW 向断层也较发育，而 NW 向断层发育较少。生产中仅在东一采区 $F_2$ 断层附近见几条小的逆断层也显示了明显的方向性。

**3. 成带性**

小断层的展布不仅具有显著的方向性，而且各方向的构造往往在局部地段密集分布，形成复杂的构造变形带。正是由于这些成带分布的小断层的存在，使矿井内某一局部的构造变形十分强烈，对煤层产生强烈的改造作用，极大地影响了矿井生产部署和正常生产。成带性主要表现为以下两种形式：

1) 平行式：这是三河尖矿井中最重要的小断层组合形式，是由相互平行的一系列产状近于一致、断距相近的一组小断层组成，一般有 3 条以上的断裂平行排列所构成。各不同走向的正断层均具有平行式组合的特点，如断层的倾向一致，则构成了单向下移的单断面平行构造带；若断层相向倾斜，则形成地堑—地垒式组合，矿井中多见是地堑构造，有些平行排列的断层虽然性质相同，但有时倾角差别较大，并且有时一条断层本身倾角变化也较大。这种构造带组合可能是多期构造作用叠加的结果，而断层本身产状变化则可能受到被断岩层的岩石力学性质的影响，一般在刚性岩层中断层倾角大，进入软岩层或煤层中，断层倾角变缓，甚至产生顺层滑动，进而发育成层滑构造。

2) 伴生式：指在大断层旁侧伴生有许多小断层，共同构成复杂的构造带，伴生的小断层以与大断层同方向、同性质的为主，其倾向可以与大断层相同或以大断层为主。产状相近的伴生形式在矿井中十分普遍；倾向相反的伴生构造一般发育于大断层的上盘，为适应由于上盘下掉而产生的张性空间，形成反倾的次级伴生构造；尤其是在大断层的倾角向下部变缓，形成铲式正断层的情况下次级反向正断层更易发生。

## 2.2.2　矿井水文地质

根据含水层岩性特征，空隙性质及地下水埋藏条件，可划分为三种类型的含水层组。

**1. 孔隙潜水承压含水层组**

主要由第四系松散沉积物组成，厚度 184.70～262.75m，平均厚度 222.00m，西厚东薄，自上而下可划分为三个含水层组，其特征如下：

(1) 第四系上部松散砂层孔隙潜水含水层组厚度约 55m，由黄褐色粉砂、黏土质砂以及砂质黏土组成。含水砂层以粉砂为主，富水性中等，水位标高为 ＋32.94～＋34.17m，年变化幅度 2.67m，是当地居民生活及农田灌溉的主要水源，当机井水位降低 4m 时，水量是 25.2～36.0m³/h。

水质类型：$HCO_3-K+Na-Ca-Mg$，矿化度 0.81～1.28g/L。

(2) 第四系中上部松散砂层孔隙承压含水层组：厚约 100m，由灰绿～土黄色的中、细砂及黏土质砂夹薄层黏土、砂质黏土组成。砂层厚度占 60％左右，富水性中等。目前，三河尖煤矿以此含水层组地下水作为供水水源，一般单井涌水量 60m³/h 左右。

水质类型 $SO_4-HCO_3-K+Na-Mg$，矿化度 0.87～1.95g/L。

（3）第四系底部黏土质砂砾孔隙承压含水层，厚度 5～10m，平均 8m 左右。直接覆盖于侏罗—白垩系地层之上，砂砾成分以石英岩、灰岩为主，分选性差，被黏土质充填。

根据抽水资料：$q=3.198L/(s \cdot m)$；

$$K=12.625m/d；$$

$$M=1.5g/L。$$

根据区域资料，该含水层富水性中～弱，水质类型：$SO_4—Ca—K+Na$。

**2. 裂隙承压含水层组**

（1）侏罗—白垩系下部砂砾岩裂隙承压含水层组

厚度 55～180m。以紫红色～灰绿色中细粒砂岩及砾岩组成。该含水层富水性主要取决于裂隙发育程度，是局部以静储量为主的弱含水层，水质类型 $SO_4—K+Na—Ca$ 型，矿化度 2.79～2.92g/L。

在勘探期间，对 76-28、76-25、76-75 三孔进行了抽水试验，$q=0.0056～0.016L/s \cdot m$ 水流量逐渐减小，水位难以恢复，疏干趋势明显。

（2）上石盒子组底部奎山砂岩裂隙承压含水层组

奎山砂岩厚度 0～66.5m，平均 50.00m，以硅质胶结的粗粒砂岩为主，分布于张庄向斜的深部。根据勘探资料：该含水层埋藏较深，局部裂隙发育，但裂隙连通性差，疏干性强，是以静储量为主的弱含水层。

（3）下石盒子组底部分界砂岩裂隙承压含水层组

分界砂岩厚度 3.60～43.80m，平均 15.00m 左右。以中粗粒砂岩为主，根据勘探资料：漏水钻孔多分布于断层附近，漏水段多位于含水层的底部。裂隙较为发育，但联通性差，富水性弱，是以静储量为主的弱含水层。

分界砂岩在东翼－690m 回风巷有揭露，岩性为灰绿色中粗砂岩，泥质胶结，垂直裂隙较为发育，富水性差。

（4）山西组 7、9 煤顶底板砂岩裂隙承压含水层组

该含水层组以中细粒砂岩为主，为开采 7、9 煤层的直接充水含水层。7 煤顶板砂岩平均厚度 12.44m，9 煤顶板砂岩一般在 10～20m，东薄西厚。

三河尖煤矿现开采 7、9 煤层，以 $F_2$ 断层为界，将矿井分为东、西两翼。

西翼 7、9 煤层顶板多为中砂岩，裂隙较为发育，但多被方解石充填，富水性弱。1988 年 3 月对首采工作面 9104 进行了顶板砂岩裂隙水探放工作，探孔倾角 60°，施工深度 49m，岩性均为中砂岩，无水。至今 7 煤已回采 9 个工作面，9 煤已回采 4 个工作面，在回采过程中顶板砂岩均未发生掉水现象，仅 7 煤巷道掘进中在风氧化带边缘见一走向 330° 左右的裂隙时，有涌水现象，一般 10m³/h 左右，最大 144.57m³/h（1986 年 1 月 5 日，9 煤轨道石门开口处）。其涌水特点是：开始涌水量较小，通过一段时间疏通，逐渐变大，稳定一段时间后，又渐渐变小。

东一采区上分层工作面已全部回采结束，东三采区已回采一个面。在巷道掘进中，很少有出水现象，但在工作面回采初放时均有不同程度的涌水现象，一般情况下 5m³/h 左右。高档首采工作面 7105，最大涌水量 44.94m³/h；综采首采工作面 7111 最大涌水量 35.52m³/h，而且－700m 东大巷在掘进中揭露 9 煤顶底板中砂岩，多有涌水现象，最大涌水量 10m³/h。东四采区首采工作面 7401 面，巷道掘进中多处发生大面积淋水现象，最大涌水量 5m³/h。

根据刘庄区 10～2 钻孔对山西组、太原组混合抽水资料（表 2-1），$q=0.000828\text{L}/\text{s}\cdot\text{m}$，$K=0.000713\text{m/d}$。水质类型为 $SO_4\sim CI\sim K+Na$，矿化度 3.448g/L，结合井下山西组砂岩充水特点，该含水层富水性弱，是以静储量为主的弱含水层组。

**10-2 钻孔山西组～太原组混合抽水试验成果表**　　　表 2-1

| 含 水 层 | | | | 静止水位 (m) | 恢复水位 (m) | 抽水成果 | |
|---|---|---|---|---|---|---|---|
| 名称 | 厚度 (m) | 起止深度 (m) | 钻孔半径 (m) | | | 降深 (m) | 涌水量 (L/s) |
| 砂岩与石灰岩 | 85.01 | 923.69～1218.69 | 0.046 | 19.9 | 23.54 | 35.63 | 0.0295 |

### 3. 岩溶裂隙承压含水层组

（1）太原组石灰岩岩溶裂隙承压含水层组

该含水层组由 13～14 层灰岩组成（表 2-2），平均厚度 29.54m，占本组厚度的 17.8%。其中四灰厚度 8.69m，岩溶裂隙较为发育，分布稳定，为开采山西组 7、9 煤时的间接充水含水层。八～九灰、无名灰为开采太原组 17 煤时的直接充水含水层。十二灰平均厚度 4.91m，分布稳定，岩溶裂隙较为发育，为开采太原组 21 煤时的直接充水含水层。

**太原组各灰岩厚度、层间距统计表**　　　表 2-2

| 灰岩编号 | 厚度(m) | | 层间距(m) | | 岩性 | 备注 |
|---|---|---|---|---|---|---|
| | 最小至最大 | 平均 | 最小至最大 | 平均 | | |
| 一 | 0～1.89 | 0.61 | 5.28～10.60 | 7.36 | 砂质泥岩 | 多为泥灰岩 |
| 二 | 0.50～2.50 | 1.30 | 12.6～20.29 | 17.03 | 砂岩、泥岩 | |
| 三 | 7.8～10.56 | 8.62 | 5.60～9.10 | 7.42 | 砂岩、泥岩 | |
| 四 | 0～0.90 | 0.40 | 5.0～8.60 | 7.57 | 泥岩、砂质泥岩 | 多为泥灰夹薄层泥岩 |
| 五 | 2.12～4.19 | 2.94 | 3.11～6.00 | 4.88 | 煤、同上 | 同上 |
| 六 | 0～2.50 | 1.02 | 5.60～11.78 | 10.41 | 煤、同上、砂岩 | |
| 七 | 0～2.16 | 1.10 | 1.43～2.38 | 1.85 | 煤、泥岩、砂质泥岩 | |
| 八 | 0～2.30 | 1.54 | 8.55～11.50 | 9.85 | 同上 | |
| 无名 | 0～4.07 | 2.55 | 9.5～13.70 | 11.03 | 同上、砂岩 | |
| 九 | 1.00～2.69 | 2.01 | 13.00～28.02 | 24.91 | 同上 | |
| 十 | 0.3～2.04 | 0.63 | 0.50～1.00 | 0.71 | 泥岩 | |
| 十一 | 2.99～10.2 | 4.91 | 2.68～8.32 | 5.08 | 砂质、泥岩、煤 | |
| 十二 | 0～1.50 | 0.76 | 15.5～15.7 | 15.60 | 煤、泥岩、砂岩、铝土层 | |
| 本灰 | | | | | | |

巷道开拓中四灰有 11 处揭露，双层结构，裂隙较为发育多被方解石充填，其中西翼 7

处，有 2 处出水，水量最大为 19.3m³/h；东翼有 4 处揭露，均有涌水现象，最大涌水量 194.48m³/h。四灰涌水具有以下特点：开始小，逐渐增大，稳定一段时间后，又逐渐变小，直至疏干无水。12 灰有 3 处揭露，仅 1 处出水，水量仅为 2m³/h。

根据抽水试验资料：$q = 0.002 \sim 0.027$L/(s·m)，$M = 4.10$g/L。

太原组灰岩富水性弱，加之该含水层埋藏较深，结合井下太原组充水特点，太原组是以静储量为主的弱含水层组。

（2）奥陶系石灰岩裂隙岩溶承压含水层组

三河尖井田内现有 13 个钻孔揭露该含水层，最大揭露厚度 58.19m，仅有 3 个钻孔发现漏水现象，3 个钻孔分别穿过 $F_1$、$F_7$ 两条正断层，揭露奥陶系灰岩，表明灰岩在张扭性断层带上是富水的。根据区域资料：该含水层富水性及透水性强且变化大。上部八陡组、阁庄组以白云质灰岩、白云岩为主，富水性及透水性较弱；下部马家沟组以豹皮状灰岩为主，岩溶发育，富水性强。

奥陶系灰岩在三河尖井田内埋藏深，溶洞不发育，且井田边界多被断层切割，阻隔了外界的补给。抽水资料：$q = 0.019 \sim 0.027$L/s·m。这说明在该井田奥陶系灰岩含水层为弱含水层。

### 2.2.3 井田含煤地层

三河尖井田所在的丰沛矿区含煤地层为石炭、二叠系。煤系地层保存完整时的平均厚度为 580m。其中有两个主要含煤组：下二叠统山西组（P11）和上石炭统太原组（C3），总厚度 281.5m，含煤 10～19 层，一般 15 层，累计厚度 12.94m。含煤系数 4.6%，其中可采煤层 4 层，总厚度平均 9.73m。

（1）太原组

厚度 165.30m。含煤 8～16 层，一般 13 层，累计厚度 5.59m。含煤系数 3.38%。其中可采煤层 2 层（17、21 煤），平均厚度 2.53m，局部可采煤层 2 层（18、22 煤）。

（2）山西组

厚度 116.20m，含煤 2～3 层，累计厚度 7.35m，含煤系数 6.32%。其中可采煤层或大部可采煤层 2 层（7、9 煤），平均厚度 7.20m。

### 2.2.4 井田深部地应力

由于三河尖矿尚未进行地应力测试，地应力确切数据尚无法得知，但根据相同条件的地应力状况可知，三河尖矿的构造应力比较复杂，进入千米深部以后巷道所受的自重应力明显提高，可达 20MPa 以上。

# 2.3 三河尖矿深井开采岩体温度场特征

## 2.3.1 深井开采热害模式分类及其特征

**1. 按地质条件分类**

矿山地温场属于地壳浅部范畴，它受深部地热背景和地区地质结构的影响，也受到其他因素的干扰，如地下水的活动和局部热源的干扰。因此不仅处于不同大地构造单元和不同深部地热背景条件下，地区地温状况有所不同，即使是处于同一大地构造单元内和相同深部地热背景条件下，由于地壳浅部地质结构的差异，地温场也存在差异。当有强烈干扰因素存在时，会引起地温场的明显变化。

　　分析研究在不同条件下形成的地温场特征，对于矿区热害治理有着重要的指导意义和参考价值。中国科学院地质研究所以我国东部若干矿区地热实际资料为基础，从矿区热害防治的目的出发，综合分析了各矿区地温场及地质条件，并进行了地温类型的分类。根据区域地温场及地质条件研究基础，综合分析对比各矿区的地温特点，鉴别其异同，找出引起地温差异的主要地质因素而提出分类原则。将我国东部矿区，按照地温状况，把矿山地温类型划分为：基底抬高型、基底坳陷型、深大断裂型、地下水活动强烈型、深循环热水型和硫化物氧化型六类。各类型矿区的地质特点、地温状况、所属矿区、矿井致热地质因素以及热害防治措施详见表2-3所示。上述分类，是从地质角度把导致矿区相对高温或低温的因素突出来并以之命名相应类型。但实际情况可能比较复杂，以其地温特征而言，一个矿区可能并有某一种或另一类型的特征，甚至还有第三种类型的特征的可能性。

**矿山热害类型特征表**　　　　　　　　　　　　　表 2-3

| 矿山地温类型 | 地质特点 | 地温状况 | 典型矿区 | 矿井致热地质因素 | 热害防治措施 |
|---|---|---|---|---|---|
| 基底抬高型 | 一般位于稳定台块的隆起区，或基底断裂显著、沉积盖层发生褶皱断裂的地区，以及在与其他活动带如中、新生代褶皱带沉陷带相毗邻的部位。古老结晶基底与下古生界岩系和其上的盖层间岩石热导率差异较大，热流向热阻较低的基底抬高部分集中 | 热流值偏高，平顶山地区为1.70HFU，地温普遍较高，梯度较大。C、P、Q地层平均地温梯度为3.1～4.5℃/100m，500m深温度30～36℃，1000m深温度45～50℃ | 以平顶山煤矿为代表，许昌铁矿可能属之 | 岩温高。局部地段煤层下伏的太原群及张夏组承压水顶托渗透或沿断裂带上涌可加重矿井热害 | 综合性降温措施，必须时实行人工制冷降温。防治热水涌入矿井，疏干热水 |
| 基底坳陷型 | 位于稳定台块的大、中型沉降区，结晶基底较深，其上形成古生界、中生界、新生界沉积盆地。地下水交替不强烈，水温＝岩温。由于基底和盖层间岩石热导率的差异，热流自坳陷中心向外发散 | 热流值正常或略偏低，新汶矿区为1.15HFU，盆地平均地温梯度2.1～3.0℃/100m，局部地段可达3.5℃/100m | 兖州煤田、新汶煤田为代表，淮北、淮南煤田属之 | 深度小于500～600m的矿井一般无热害出现，更深的矿井，岩温升高，会出现热害，但其发展缓慢。有可能涌出同岩温的热水，造成或加重矿井热害 | 加强通风，注意防治热水涌入矿井，疏干热水 |
| 深大断裂型 | 稳定台块或台块内部的断块的结合带上。岩浆活动频繁，构造变形剧烈。多为中、新生地堑式断陷盆地。热导性差的沉积物直接盖于结晶基底上。某些地段地壳厚度较薄，上地幔高电导层位置较高 | 热流值较高，罗河地区为1.84HFU，矿区地温高，梯度大 | 以沭沂地堑为代表，抚顺煤矿及罗河铁矿等可能属之 | 岩温高。可能有热水涌出 | 综合性降温措施 |
| 地下水活动强烈型 | 以岩溶裂隙发育的下古生界碳酸盐岩铺底的矿区，由于地下水的补给、径流和排泄条件良好，水交替强烈，水温＜岩温，对围岩及其上地层起着冷却的作用 | 地温普遍较低，800m深度一般不超过28℃，地温梯度＜2.0℃/100m | 开滦、京西、峰峰、鹤壁、焦作和淄博等矿区 | 800m深度内一般无热害问题 | 局部深采工作面可能有轻度的临时性的热害，需要加强通风 |

续表

| 矿山地温类型 | 地质特点 | 地温状况 | 典型矿区 | 矿井致热地质因素 | 热害防治措施 |
|---|---|---|---|---|---|
| 深循环热水型 | 岩浆活动、断裂错动发育的地区,地下水沿裂隙-断裂系统渗入地下深部,逐步为岩温加热,在有利的地质条件下涌至浅部或出露于地表。上涌途中,水温＞岩温 | 局部热异常,其分布范围及形态特征与构造断裂的性质、规模、活动强度及展布方向有关。一般面积不大,属脉状或裂隙脉状水 | 苿岗铁矿,岫岩铅矿,东风萤石矿及711矿 | 35～50℃之高温热水涌出 | 超前疏干热水并加强管理,必要时实行人工制冷降温 |
| 硫化物氧化型 | 各类地区的富硫矿床 | 在富硫矿带的浅部和构造破碎带,由于硫化物的氧化生热,造成矿区局部热异常 | 铜官山、松树山铜矿,向山、潭山硫铁矿 | 化学反应放热,岩温高,矿岩可能自燃发火 | 综合性防火降温措施,实行"三强"采矿作业和脉外开拓,封闭采空崩落区 |

**2. 按温度场分类**

根据地温场分布特征,深井热害模式具有以下三种分类:

(1) 线性增长模式

在 $T$-$H$ 曲线上温度呈线性分布。根据国内矿井地温测试资料,矿井在浅部时地温往往呈现线性变化模式。如图 2-4 所示,温度与深度呈线性关系,温度随深度的加深呈线性增长。

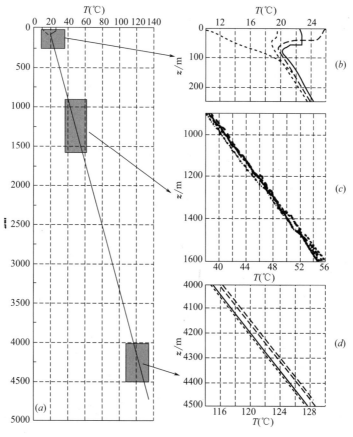

图 2-4 地温线性分布图

（2）非线性增长模式

随着深度不断向深部延伸，地温也在不断升高，而地温梯度分布也呈现出明显的非线性。在对徐州矿务集团夹河煤矿的地温分布特征分析中就出现了这种情况，如图 2-5 所示。从图中可以看出：

1）地温参数与深度的函数关系：

$$T_{(h)} = -4.975 + 23.08 \times exp(-h/1736.1);$$

2）$-200m \sim -700m$：基本呈线性，地温梯度为：$1.5℃/100m$；

3）$-700m \sim -1200m$：呈非线性，地温梯度平均值为：$2.2℃/100m$；

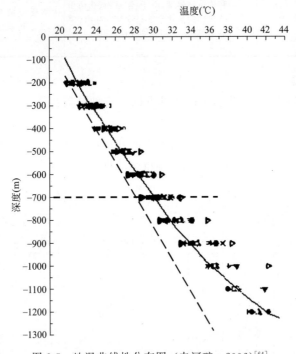

图 2-5　地温非线性分布图（夹河矿，2006）[64]

当开采深度转变为深部时（$-700m \sim -1200m$），温度随着深度的加深而增加，并且随着深度的不断加大，温度的增加呈非线性递增的趋势。根据对我国热害矿井统计，矿井开采深度进入 $-1000m$ 之后，都出现了严重的热害现象，地温的非线性分布特征会加剧矿井的热害程度。

（3）地温异常模式

若岩层中存在局部热岩体，将会造成地层温度的异常变化，在对徐州矿务集团三河尖煤矿的地温分布特征分析中就出现了这种情况，如图 2-6 所示。

由于地质构造的差异、地层分布的不同等因素的存在，部分矿井出现了地温异常现象，如徐州矿务集团三河尖煤矿有一层奥陶系灰岩水，水温高达 $50℃$，水量达 $1000m^3/h$，在深井开采中若出现透水等事故，对矿井生产会造成不可估量的危害。但作为一种地热资源，可以运用科学的方法与技术手段，对其进行开发利用，变害为利。

从图中可以看出，温度随着深度的加深而增加，并且随着深度不断加大，但到某一深

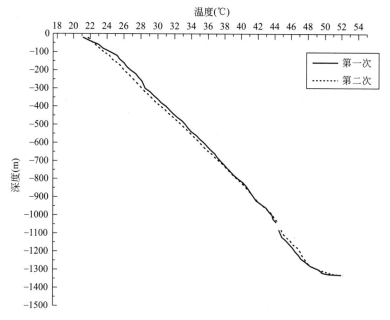

图 2-6　地温异常分布图（三河尖矿，2007）[126]

度温度突然变化，局部异常。

### 2.3.2　三河尖矿区地温状况

#### 1. 三河尖井田的地温梯度

根据煤炭部 147 队在三河尖井田外施工的恒温带观测孔，1985 年 1～12 月资料确定，丰沛矿区（包括三河尖井田）的恒温带深度为 30m，温度为 16℃。

三河尖矿共有测温钻孔 19 个，井下炮眼测温点 8 个。由各孔底（点）温度（$T$）、深度（$H$）及恒温带参数，根据 $G=(T-T_{恒})/(H-H_{恒})$ 求出地温梯度，并绘制成三河尖矿井田地温梯度等值线图（图 2-7）。

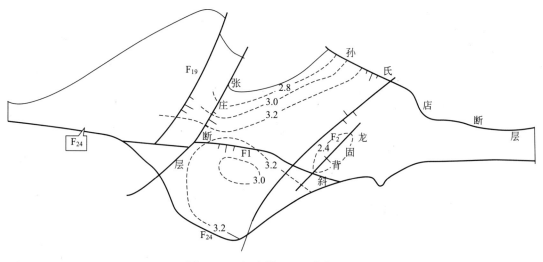

图 2-7　三河尖煤矿地温等值线图

从三河尖井田地温梯度等值线图可看出三河尖井田测温点少且分布不均，还可看出在煤层埋藏较浅的龙固背斜、$F_2$断层上盘地温梯度大，而煤层埋藏较深的部位地温梯度较小。三河尖井田地温梯度在 2.75～3.46℃/100m 之间。平均大于 3℃/100m，属高温类矿井。

**2. 三河尖井田岩石热物理性质**

岩石的热物理性质主要包括比热（$c$）、热导率（$k$）、热扩散率（$\lambda$）。

西安煤科院和徐州矿务局地勘队在三河尖井田的13-2孔钻进过程中，共采集热物理参数测试样50个，井下顶底板及煤样7个，得出的主要热物理参数见表2-4。

13-2孔热物理参数统计表

表 2-4

| 岩　性 | 泥　岩 | 砂泥岩 | 砂　岩 | 灰　岩 | 煤 |
|---|---|---|---|---|---|
| 比热(J/kg·K) | 950.404 | 962.964 | 900.162 | 891.788 | 1327.216 |
| 热导率(W/m·K) | 2.74 | 2.58 | 3.37 | 2.94 | 0.32 |
| 热扩散率(10～7m²/s) | 11.07 | 10.41 | 14.71 | 12.27 | 1.83 |

地球内部的热量以热传导的方式传递到地面的热量称为大地热流。物理含义为：单位时间内通过岩石单位截面的热量，单位为 MW/m²。它是表征地热状况的最重要参数之一。计算大地热流的方法是 $q = K \times G$

式中　$q$——大地热流；

　　　$K$——计算段岩石热导率；

　　　$G$——计算段地温梯度。

13-2孔为准稳态测孔，并进行了岩石的热物理参数测试。现根据校正后的测温曲线求出各层段的地温梯度（见表2-4）和各层段的调和热导率（见表2-5）；用上述公式来近似求出13-2孔大地热流（见表2-6）。

13-2孔各层段调和热导率

表 2-5

| 地层系统 | 侏罗—白垩系 | 二叠系 | 石炭系 | 奥陶系 |
|---|---|---|---|---|
| 调和热导率(W/m·K) | 2.737 | 2.284 | 2.22 | 2.94 |

13-2孔大地热流计算表

表 2-6

| 地层系统 | 地温梯度(℃/100m) | 调和热导率[W/(m·K)] | 大地热流值(MW/m²) |
|---|---|---|---|
| 侏罗—白垩系 | 2.8 | 2.737 | 76.6 |
| 二叠系 | 3.29 | 2.284 | 75.1 |
| 石炭系 | 3.43 | 2.22 | 76.1 |

由表2-7可看出各层段大地热流值基本相等，平均 75.9MW/m²。基本可代表三河尖井田热流值。它高于全球陆地平均值（61.5MW/m²）和华北地区的平均值（51.07MW/m²）。与本区地温偏高，地温梯度偏大是一致的。从大地热流值上看，三河尖井田也应属高温类井田。

### 2.3.3 地温异常原因分析

**1. 区域热流值偏高**

三河尖矿区以及鲁西南地区在中新生代时期，经历了拉、压、剪等多次循环交替构造运动，形成了以正断层为主的区域构造格局，影响了区域地温场的形成，造成现代区域地温的温度偏高。

**2. 完整的地壳热结构**

三河尖矿区地壳热结构完整，包括披盖壳、沉积壳、基底壳等。第四系比较厚，平均约有220m，可以起到较好的保温隔热作用；基底壳及煤系基底的变质岩热导率较高，可起到较好的导热作用，容易将下部的热量传到上部，大量的热量聚集在煤系层中。

**3. 良好的聚热构造**

三河尖矿区位于丰沛区滕鱼背斜向西南延伸处（龙固背斜）；东西向的断层（F$_{24}$），其落差大于1500m，使得三河尖矿煤系基底相对抬高。断层（F$_{24}$）和龙固背斜、复向斜联合形成了良好的聚热构造。

丰沛矿区的其他井田多数是单斜散热的构造；有的也有断层造成基底抬高现象，但是这些井田大多避开了大地热流峰值。

**4. 地下水影响微弱**

三河尖矿区地下水循环主要是在各含水层间孤立进行。地下水与围岩之间的换热已基本达到平衡，水温与岩温基本一致。如-700m处东大巷在F$_2$断层带处出水温度为39℃，围岩温度也为39℃左右。张双楼井田等相邻的其他井田虽然也是断层把基底抬高，但各含水层容易从第四系底，含黏土的砂砾层中得到补给，地下水径流较强，可对井田起到一定的降温作用。这是丰沛区的其他井田比三河尖井田地温梯度小的主要原因。

综上所述，区域热流值偏高、完整的热地壳结构、良好的聚热构造、地下水活动微弱等因素共同作用是造成三河尖井田热流值高、地温梯度大的重要原因。

### 2.3.4 三河尖矿深部地温预测

三河尖矿区的地温场是传导型的，煤层埋藏较深处，其产状平缓，侏罗—白垩系、第四系的厚度基本稳定。因此深处地温预计可采用下列公式估算：

$$T = T_{恒} + G \times (H - H_{恒})$$

选7煤层作为预测层，预测结果三河尖矿地温较高，-1300m处7煤底板温度达56℃，大大超过二级热害的最低界限37℃。全井田7煤底板原始岩温均在28℃以上。原岩温度大约在31~37℃之间，热害问题基本上可以通过加强通风的方法得到解决。当原岩温度为大于37℃的高温时，仅靠通风很难达到理想效果。按照煤炭部的有关规定：温度在31~37℃之间为一类热害区，大于37℃时为二类热害区的划分方法[81]，三河尖井田大部分区域为二类热害区，三河尖矿区仅仅龙固背斜的轴部、F$_2$断层上为一类热害区详见图2-8。因此，三河尖矿在深部进行开采时，热害问题将会非常突出。

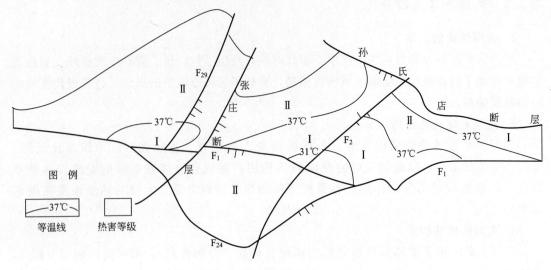

图 2-8  三河尖矿井田 7 煤热害区示意图

## 2.4  地热资源条件

### 2.4.1  区域含水层划分及其特征

（1）第四系底部砂砾孔隙含水层。该含水层富水性中等，直接覆盖于基岩之上，与基岩各含水层在风氧化带部位发生水力联系。

（2）侏罗－白垩系底部砾岩裂隙含水层。主要分布在各井田的深部，富水性较弱，局部偏强。

（3）二叠系上石盒子组底部奎山砂岩裂隙含水层。以中粗粒砂岩为主，厚度较大、稳定、坚硬，裂隙发育，富水性中～弱。

（4）二叠系下石盒子组底部分界砂岩裂隙含水层。以中粗粒砂岩为主，裂隙发育，富水性中～弱。

（5）二叠系山西组 7、9 煤顶底板砂岩裂隙含水层组。该含水层组为开采 7、9 煤层时的直接充水含水层。

据抽水资料：

7 煤顶板砂岩：$q=0.0001\sim0.006\text{L}/(\text{s}\cdot\text{m})$；
$\qquad\qquad\quad K=0.001\sim0.02\text{m}/\text{d}$。

9 煤顶板砂岩：$q=0.00\sim0.07\text{L}/(\text{s}\cdot\text{m})$；
$\qquad\qquad\quad K=0.00\sim1.54\text{m}/\text{d}$。

结合生产矿井涌水量资料看：该含水层组矿井涌水量不大，一般不超过 $150\text{m}^3/\text{h}$。富水性弱，以静储量为主，突水时来得快，去得也快，逐步变成淋水或干涸状态。

（6）石炭系太原组石灰岩岩溶裂隙含水层组。以四灰、无名灰、十二灰为主要含水层，其中四灰厚度大，岩溶裂隙发育，分布稳定，水量较为丰富，水头压力高。

据抽水资料：$q = 0.003 \sim 1.40 L/(s \cdot m)$；

$\qquad\qquad K = 0.03 \sim 23.40 m/d$。

太原组四灰含水层为矿井开采山西组煤层时的间接充水水源。矿井疏放水最大涌水量 $110 \sim 450 m^3/h$，稳定水量为 $20 \sim 150 m^3/h$。无名灰、十二灰为开采太原组煤层时的直接充水含水层，厚度较大，分布较稳定，裂隙发育。

据抽水资料：

无名灰：$q = 0.006 \sim 0.047 L/(s \cdot m)$；

$\qquad\qquad K = 0.007 \sim 4.51 m/d$。

十二灰：$q = 0.00 \sim 0.042 L/(s \cdot m)$；

$\qquad\qquad K = 0.00 \sim 1.091 m/d$。

### 2.4.2 地下水补、径、排条件

在天然状态下，地下水由东北向流向西南方向。滕县背斜核部，张性节理发育，富水性较强，可直接接受第四系底部含水层组的补给。同时，还可能通过东部峄山断层进水口得到基岩补给区（裸露区）的补给。因此背斜轴部既是地下水储存和富集的场所，又是较强径流带，这里地下水通过顶部风化带及奥陶系与煤系各含水层的对接部位补给煤系各含水层。当矿井充水时，轴部奥陶系含水层地下水向翼部以及倾伏端径流，侧向补给翼部及倾伏端煤系各含水层。

### 2.4.3 矿井涌水

目前，三河尖矿井各水平涌水情况：$-700 m$ 水平：$100 \sim 120 m^3/h$，$25 \sim 30 ℃$，有水仓；$-860 m$ 水平：$20 m^3/h$；$-980 m$ 水平：目前 $20 m^3/h$，$30 ℃$，预计以后可达 $90 m^3/h$。

### 2.4.4 奥陶系灰岩含水层特征

根据区域水文地质资料可知：三河尖煤矿整体位于滕县背斜的西延部分，井田内龙固背斜与滕县背斜在同一方向线上，受张应力作用，背斜轴部裂隙发育。根据钻孔资料分析孙氏店断层在龙固背斜部落差为 $110 m$，断层两盘的马家沟灰岩含水层仍有部分对接，可发生水力联系。

该含水层厚度大，富水性较强，为区域性含水层。

据抽水资料：

$q = 0.023 \sim 2.78 L/(s \cdot m)$；

$K = 0.056 \sim 5.532 m/d$。

该含水层地下水在进行太原组四灰水疏放和矿井排水过程中，水位下降已达 $25 m$ 以上，说明该含水层为矿井充水的间接补给水源，其补给方式主要为通过断层垂向补给或隐伏露头侧向补给煤系各含水层。奥陶系灰岩水约 $260 \sim 300 m^3/h$。

奥陶系灰岩水在 21102 工作面突水动态补给量为 $1020 m^3/h$，当时水温为 $50 ℃$，水压 $7.6 MPa$，现在水观 1 孔奥灰水位为 $-71 m$。

### 2.4.5 第四系含水层特征

第一层：$105 m$ 厚，约 $60 m^3/h$；

第二层：5～10m 厚，约 100m³/h。

本项目拟利用奥陶系灰岩水作为热源进行地面热能利用系统设计。

（1）奥陶系灰岩水在 21102 工作面突水动态补给量为 1020m³/h，当时水温为 50℃。若按水量为 500m³/h，利用温差 37℃ 计算，加上机组制热工况时产生的热量，可以利用热量约 25.8MW，完全可以满足矿区供热需要；

（2）地热井井口排放水温 50℃ 左右，不适合 HEMS-Ⅲ 机组换热对温度的要求，不能直接送入机组利用；

（3）矿井水水质复杂，不适宜送入机组利用，需在水源与机组之间加换热器，同时满足机组对水质和热量的要求。

总之，奥陶系灰岩水条件基本符合 HEMS-Ⅲ 机组的应用条件。

## 2.5　本章小结

本章主要对三河尖矿水文地质条件及地热资源条件，包括区域水文地质概况，井田水文地质条件，三河尖矿深井开采岩体温度场特征，区域含水层划分及其特征，地热资源条件的特点等进行了分析阐述。

# 第3章 三河尖矿奥陶水与围岩间的传热机理

本章通过对奥陶系灰岩承压含水层的地层、奥陶系灰岩裂隙岩溶含水层特征和21102工作面采空区水源特征分析，针对高温奥陶水资源的特点，运用多孔介质传热传质理论分析了高温承压奥陶水与深部岩体之间的换热过程及传热机理，揭示了其传热规律。并对奥陶水的供热能力进行了理论计算。

## 3.1 三河尖矿高温奥陶水资源情况

### 3.1.1 三河尖矿地层概化

徐州矿务集团三河尖煤矿第7勘探线地质剖面图，76-55、76-57、76-73、14-2、13-3、14-3等井田内钻孔柱状图，揭示了三河尖矿地层由新到老为：第四系、第三系、侏罗一白垩系、二叠系、石炭系、奥陶系。

为了使研究奥陶系灰岩承压水与围岩间的传热简单明了、重点突出，根据三河尖煤矿提供的地质资料将地层进行概化处理，详见图3-1。假设回灌所在灰岩地层裂隙发育，且含有水量充足。

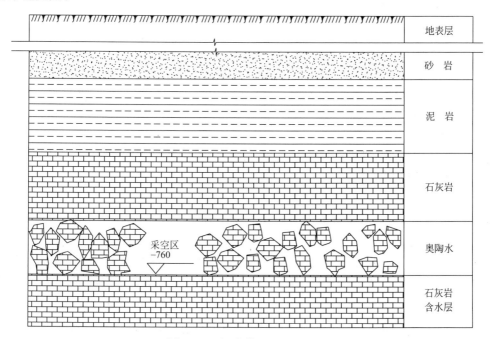

图 3-1 三河尖煤矿地层概示图

### 3.1.2 奥陶系灰岩承压含水层的地层情况

下面就奥陶系灰岩地层做详细描述。

所揭露的奥陶系阁庄组灰岩与泥岩、砂岩成多层交互状产出，各层灰岩厚度变化较大，0.2～4m，钻孔揭露 4～6 层，合计总厚度大于 58.19m（76～82 孔），全井田有 13 个钻孔。海相石灰岩为棕灰～浅灰（微肉红）色，厚层、块状、致密、质纯、性硬脆，具有缝合线构造，夹有砾状灰岩、白云质灰岩及白云岩，偶夹灰绿色及深灰色薄层泥岩，发育不规则张裂隙，充填或半充填有方解石及钙泥质。76～82 号孔于顶部石灰岩中见腕足类化石。

三河尖井田内揭露奥陶系阁庄组的 13 个钻孔中有 3 个钻孔发现漏水现象，这 3 个钻孔分别穿过 F1、F7 两条正断层，揭露奥陶系灰岩，表明灰岩在张扭性断层带上是富水的。以上资料表明，奥陶系灰岩承压含水层中含有丰富的高温热能。

### 3.1.3 奥陶系灰岩裂隙岩溶含水层特征

根据三河尖矿提供的区域水文地质资料可知：三河尖矿区整体位于滕县背斜的西延部分，井田内龙固背斜与滕县背斜在同一方向线上，受张应力作用，背斜轴部裂隙发育。根据三河尖矿区的钻孔资料分析，孙氏店断层在龙固背斜部落差为 110m，断层两旁的马家沟灰岩含水层仍有部分对接，可发生水力联系。

奥陶系灰岩裂隙岩溶含水层厚度较大，富水性较强，为区域性含水层。在进行太原组四灰水疏放和矿井排水过程中，奥陶系灰岩裂隙岩溶含水层的地下水水位下降已超过 25m，说明该含水层为矿井充水的间接补给水源，其补给方式主要为通过断层垂向补给或隐伏露头侧向补给煤系的各个含水层。

### 3.1.4 21102 工作面采空区水源特征

21102 工作面位于龙固背斜的倾伏方向上，突水后邻近的 5-2 奥灰水水文观测孔水位下降即说明了中奥陶统的马家沟灰岩在该区岩溶较发育，连通性较好，孙氏店断层在此处是导水的断层，使三河尖井田内的含水层有了一定的补给水源，增强了含水层的富水性。

井田内奥陶系灰岩承压水的正常补给量为 1020m³/h，水温 50℃，深部和太原组煤层开采时水文条件相对复杂。

## 3.2 计算模型的建立

−760m 处 21102 工作面废弃巷道尺寸为：长 1000m，宽 4m，高 3.2m，其平面布置详见图 3-2。

根据三河尖矿的区域水文地质情况和地层特点，−760m 处废弃巷道及围岩的构造特征，奥陶系灰岩承压含水层的地层情况，奥陶系灰岩裂隙岩溶含水层特征，21102 工作面采空区水源特征等，并结合三河尖煤矿井上用热特点等条件，进行综合分析。

废弃巷道顶板帽落后，岩石落到巷道内，因此在废弃巷道中堆积了一定量的帽落岩块，同时，顶板岩层也变得松散，并且影响到周围的岩壁。堆积的帽落岩石间及巷道围岩中均有

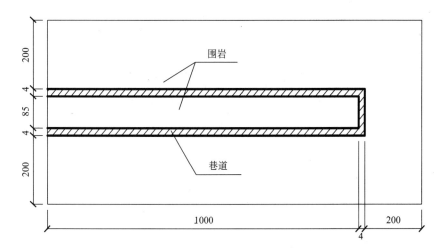

图 3-2　巷道形状及尺寸

大量的空隙，这样整个废弃巷道及发生帽落后的围岩基本上可以看作为多孔介质，当地下热水流过巷道时，会发生传热传质现象，其过程与多孔介质中的传热传质现象非常相似。在此分析的基础上，建立了三河尖矿在抽水供热条件下的多孔介质传热计算模型，详见图 3-3。

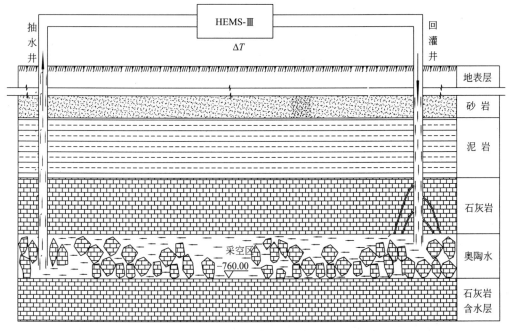

图 3-3　抽水条件下的多孔介质传热计算模型

## 3.3　奥陶水与岩体间的传热机理

　　废弃巷道冒落后，巷道内会有一定量散落的岩石，岩体比原来要松散，岩体孔隙中充满了奥陶水，岩体与奥陶水之间的热传递，可看成是多孔介质中的传热，认为所研究岩体为非均质多孔介质[83]。

所谓多孔介质，是指多孔固体骨架构成的孔隙孔间中充满单相或多相介质。固体骨架遍及多孔介质所占据的体积空间，孔隙空间相互连通，其内的介质可以是气相、液相或气液两相流体[84]。多孔介质的主要特征是孔隙尺寸极其微小，比表面积数值很大。多孔介质内的微小孔隙可能是互相连通的，也可能是部分连通的、部分不连通的。

多孔介质传递现象分为多孔介质外和多孔介质内的传递过程。首先要在被研究岩体中选取控制体去分析传递过程[86]。所选择的控制体，即对围绕多孔介质内某一点 $p$ 的流体参数取一定范围内的平均值代替局部真值。该方法称为局部容积平均法，所选取平均值的范围称为表征体元（representative elementary volume），简称 REV。在 REV 的基础上，获得参数平均值，然后代入标准参数方程中，以获得多孔介质宏观变量的传输规律[87-90]。

### 3.3.1　基本参数

**1. 孔隙率**

孔隙率是指多孔介质内的微小孔隙的总体积与该多孔介质的总体积的比值，其表达式为：

$$\phi = \frac{V_{孔隙}}{V_{多孔}} \times 100\% = \frac{V_P}{V_B} \times 100\% \tag{3-1}$$

孔隙率包括两种：

（1）有效孔隙率：多孔介质内相互连通的微小孔隙的总体积与该多孔介质的外表体积的比值，以 $\phi_e$ 表示；

（2）绝对孔隙率：多孔介质内的所有微小孔隙的总体积与其外表体积的比称绝对孔隙率或总孔隙率，以 $\phi_T$ 表示。

通常所说的孔隙率是指有效孔隙率，以 $\phi$ 表示。孔隙率是影响多孔介质内流体的重要参数之一，因此必须合理选用。

所研究顶板冒落后的巷道及岩体的孔隙率取 $50\%$。

**2. 比面**

比面 $\varphi$ 定义为多孔介质总容积 $V$ 与固体骨价总表面积 $A_s$ 之比，也可以理解为多孔材料每单位总体积中的孔隙的隙间表面积，计算式为：

$$\varphi = \frac{A_s}{V} \tag{3-2}$$

式中　$\varphi$——多孔体比面，（$cm^2/cm^3$）或（$L/cm$）；

　　　$A_s$——多孔体面积或多孔体孔隙的总内表面积（$cm^2$）；

　　　$V$——多孔体外表体积（或视体积）（$cm^3$）。

固体颗粒越小比面越大，多孔体比面越大，其骨架的分散程度越大[91-93]。如砂岩（粒径为 $1\sim0.25mm$）的比面小于 $950cm^2/cm^3$；细砂岩（粒径为 $0.25\sim0.1mm$）比面为 $950\sim2300cm^2/cm^3$；泥砂岩（粒径为 $0.1\sim0.01mm$）的比面大于 $2300cm^2/cm^3$。

比面 $\varphi$ 无论对于多孔介质的吸湿，干燥还是传热过程，都是十分重要的结构参数[94-97]。它也是与多孔材料的流体传导性即渗透率有关的一个重要参数。

### 3. 迂曲度

多孔介质孔隙连通通道是弯曲的,其弯曲程度对多孔介质中的传递过程产生影响。用迂曲度(tortuosity)$\tau$ 表示,其表达式为:

$$\tau = \left(\frac{L}{L_e}\right)^2 \tag{3-3}$$

式中 $L_e$——弯曲通道的实际长度;

$L$——连接弯曲通道的直线长度。

因此,$\tau$ 必小于 1。

另外文献[90]将其定义为:

$$\tau' = \left(\frac{L_e}{L}\right)^2 \tag{3-4}$$

此时 $\tau'$ 必大于 1。

### 4. 渗透率

渗透率指在一定流动驱动力推动下,流体通过多孔材料的难易程度,其值可由达西渗流定律来确定:

$$u = -\frac{k}{\mu}\frac{\partial p}{\partial x} \tag{3-5}$$

式中 $u$——流体在孔隙中的流速;

$\mu$——流体的黏度;

$\dfrac{\partial p}{\partial x}$——流动方向上的压力梯度;

$k$——渗透率,计量单位有 $d$(达西)和千分达西(即‰$d$),$1d = 1.02 \times 10^{-8} \mathrm{cm}^2$。

由达西定律表达式可以看出,渗透率与孔隙率之间不存在固定函数关系,而与孔隙大小及其分布等因素有直接关系[98]。代表了多孔介质中孔隙通道面积的大小和孔隙弯曲程度。渗透率越高,多孔介质孔道面积越大,流动越容易,可渗性也越好。

### 5. 水力传导系数

水力传导系数 $K$ 是多孔介质流体传输能力的另一个特性参数,它与绝对渗透率之间的关系可以用下式表达:

$$K = k\rho g / \mu \tag{3-6}$$

在多孔介质流体力学中,经常以 $K$ 代替 $k$,把达西定律表示成与导热方程类似的形式,即通量和驱动力的关系为:

$$j_f = -K\frac{\partial \phi}{\partial x} \tag{3-7}$$

式中 $j_f$——单位面积流过多孔介质的容积流量,$[\mathrm{m}^3/(\mathrm{s \cdot m}^2)]$;

$\dfrac{\partial \phi}{\partial x}$——流动方向上的水力梯度,其中 $\phi$ 为流体的流动势,$\phi = p/\rho g + z$,$\phi$ 亦可取

为 $p + \rho g z$,其中 $z$ 为重力方向的高度[99-102]。

### 6. 饱和度

在多孔材料中某特定流体所占据孔隙容积百分比,称之为饱和度 $s_w$,即:

$$s_{\mathrm{w}} = \frac{V_{\mathrm{w}}}{V_{\mathrm{V}}} \times 100\% \tag{3-8}$$

式中　$V_{\mathrm{w}}$——流体所占据的多孔材料孔隙容积；

　　　$V_{\mathrm{V}}$——多孔材料孔隙总容积。

### 3.3.2　多孔介质传热传质过程分析

流体在多孔介质中的流动可能受到多种效应的控制。其影响因素包括压力、温度、流体的组成、物性及相态、孔隙大小及形状、固体骨架结构及物性、流通通道尺寸及弯曲程度等。根据传输过程的主要特征和影响因素，对其进行分类[103-105]。

按多孔介质中的流体是否发生相变来区分，有饱和与非饱和之分；按多孔介质传递性能来区分，有各向同性与各向异性、均质与非均质之分；按流体的组成和相态来区分，有单相和多相、互溶与不互溶流体、同组分与不同组分汽液两相流动之分；按多孔介质中流动随时间与空间的变化规律来区分，有稳态与非稳态、一维与多维、层流与湍流之分等。

对于一个实际过程，可能同时具有多种分类特征。如，饱和多孔介质单相流体稳态层流运动，非饱和多孔介质多组分非稳态汽液两相流动等。

在饱和多孔介质中，由于仅涉及单相流体的传热与流动问题，因此相对于含湿非饱和多孔介质的相变传热与流动问题来说要简单许多[106]。对含湿非饱和多孔介质中的流动和传热机理进行分析及数学建模。

多孔介质的能量、动量和质量的传递过程非常复杂，对传输过程的研究将涉及多种学科，比如传热传质学、渗流力学、热力学等。对多孔介质中的传热传质过程的研究分析的目的在于揭示其传输机理和传输规律[107]。

**1. 多孔介质中的传热过程**

多孔介质内的换热过程主要包括：孔隙中流体的对流换热（包括液体沸腾、蒸发、蒸汽凝结等相变换热，自然对流和强迫对流，或二者的混合对流换热）；孔隙中流体的导热及固体骨架间互相接触导热，固体骨架或气体之间的辐射换热。在多孔介质的颗粒直径小于 $4\sim6\mathrm{mm}$，$G_{\mathrm{r}}P_{\mathrm{r}}<10^3$ 时，孔隙中流体的对流换热可以忽略，而辐射换热，只在固体颗粒之间温差比较大，且孔隙为真空或者由气体占据的时候才比较明显[107]。

**2. 多孔介质中的传质过程**

多孔介质的传质过程主要包括分子扩散和对流传质两大方面。

（1）分子扩散：是多孔介质中微观固体粒子的运动或流体分子的无规则运动引起的质量传递现象，对应于导热过程[107]。

（2）对流传质：是多孔介质中流体的宏观运动引起的质量传递现象，对应于对流换热过程。它包括两种不混溶的流体（包含汽液两相）间的对流传质，固体骨架壁面与流体间的传质[108]。按照流体的流态不同，流体对流传质可划分为湍流和层流；汽液两相流体的对流传质有更多不同形态[109]。流体在孔隙中的宏观运动是由重力、毛细力及压力等所引起的宏观对流传质（或称毛细对流传质）；由压力梯度引起的孔隙中流体的对流传质称为渗透传质。

由于多孔介质孔隙通道具有随机性、弯曲性和无定向性，因此对流传质也具有随机性。文献［109］将带有随机性的质量传递现象，进行归纳统称为质量扩散，并进一步将质量扩散分为渗透扩散、毛细扩散和分子扩散三种形式。文献［110］将渗透扩散和毛细扩散统称为质量弥散；文献［111］将渗透传质称为机械弥散，并将分子扩散与之合并称为水力弥散。不管称谓如何，这些质量传递过程都可以用抛物型微分方程的数学表达式来描述。

文献［110］将上述观点加以改进补充完善并延伸到多孔介质中的任一广延量的传递过程。任一广延量又分为扩散量、弥散量和对流量。其中，由流体以平均速度 $\varpi$ 运动而引起的通量为对流量。对任一广延量 $E$ 来说，平均速度就是 $E$ 平均传输速度 $\overline{\omega_E}$。扩散通量是由微观粒子（如：分子）扩散所引起的传输量。弥散通量是由流体 $E$ 参数的漂移速度 $\omega_E\%$（即 $E$ 的真实速度 $\omega_E$ 与平均速度 $\overline{\omega_E}$ 之差：$\omega_E\% = \omega_E - \overline{\omega_E}$）引起的，而 $\omega_E\%$ 又是因 $E$ 的微观速度和 $E$ 的密度 $e$（$e = \mathrm{d}E/\mathrm{d}V$ 或 $e = \mathrm{d}E/\mathrm{d}m$）变化而导致的。相对于质量传递过程来说，上述三种通量传输分别为对流传质量、分子传质量和弥散传质量；对于多孔介质中的能量和动量的传输，分别对应有对流换热量、分子扩散换热量和弥散换热量，以及对流动量、分子扩散动量和弥散动量。

多孔介质中质量、能量和动量传递过程存在着相互影响、相互耦合的作用，在分析多孔介质传热传质过程时，必须综合考虑。

### 3.3.3 理论建模及求解

**1. 理论建模的基本过程**

多孔介质中的传递过程是比较复杂的问题，和处理其他复杂问题一样，需作出合理的假设，使之简化，以便进行数学描述与求解，其步骤如下：

（1）对所研究的现象作出恰当的假设，其中包括：

1）确定研究对象的几何条件（包括区域形状与尺寸）和物理条件（包括各组组成，物性是否变化等）。

2）确定基本参数：强度量参数、广延量参数。

3）判断研究现象的特性：一维还是多维、稳态还是瞬态、流型及传热传质模式、是否存在汇或源、遵守何种唯象律。

4）确定所研究现象的初始状态及其周围环境的交换情况。

然后，构建物理模型来描述其实际交换过程。物理模型建立的原则：使问题得到简化，便于进行数学描述并易于求解，尽可能使所建立的物理模型接近实际与实质特征。

（2）根据所建立的物理模型，应用各种物理定律、本构方程和守恒定律等再建立数学模型，包括以下几方面：

1）合理选择坐标系和变量系统，正确确定变量的变化范围。

2）根据上述建立的物理模型，建立各传递量与驱动力之间的关系式（本构方程或称唯象方程）及状态方程。

3）根据质量、动量、能量守恒规律和本构方程及状态方程，进一步推导出其微积分方程组。

4）确定初始条件及边界条件并进行相应的数学描述。

建立数学模型的要求：尽量简捷明确，既要包含主要的影响因素，同时还要避免复杂的运算；数学模型的边界条件应为可求解的、封闭的、适定的、并且存在唯一解。

（3）试验检验。建立了物理和数学模型后，还应在模型或实型上进行试验，检验其合理性和正确性。观测各个侧面，并判断各变量之间的关系、单值性条件的确定是否符合实际情况；对问题深化认识，并对模型不合理处进行必要的修正。

建立数学模型的前提是合理的物理模型，数学模型是对物理模型进行的科学描述，并且可检验物理模型是否合理。正确选用数学模型和物理模型，是设计试验模型的依据和参考，试验结构又可判断所建立的模型是否正确合理符合实际。

**2. 唯象定律**

1）基本定律

建立多孔介质中传递过程模型时，除应用质量、能量、动量守恒定律外，还涉及对传递过程规律的描述。这种传递过程是不可逆运输过程，其规律就是反映驱动力 $X$ 与运输通量 $J$ 之间的关系，又称为本构关系。其数学式被称为本构方程[111]。本构方程是根据对大量的实际不可逆运输过程测定或进行试验研究确定的，亦称作唯象方程，其反映的本构关系也称为唯象律。最基本的本构方程是将通量 $J$（广义"流"）和驱动力 $X$（广义"力"）表示成如下形式的线性关系：

$$J = LX \tag{3-9}$$

式中 $L$ 是与 $J$、$X$ 无关的系数。应当指出，这种简单的线性关系，只对低强度运输过程（即驱动力较小，偏离平衡态不远时）成立。对于高强度或远离平衡态的运输过程，上式仅为一级近似。这种情况，一般采取将通量 $J$ 与驱动力 $X$ 之间的非线性关系转化到系数 $L$ 中去的办法来处理，即仍将 $X$ 与 $J$ 表示成上式，但 $L$ 不再是常量而是一个变量。

2）几种与多孔介质传递过程有关的本构方程或唯象定律：

（1）傅里叶定律

通过物体的热流密度（通量）$q$ 与温度梯度（驱动力）$\partial T / \partial x$ 之间的关系为：

$$q = -\lambda \frac{\partial T}{\partial x} \tag{3-10}$$

式中　$\lambda$——导热系数；

$\partial T / \partial x$——沿最大热流密度传递方向 $x$ 的温度梯度。

（2）菲克定律

质量传递通量 $q_m$ 与浓度梯度 $\partial C / \partial x$ 之间的关系为：

$$q_m = -D \frac{\partial C}{\partial x} \tag{3-11}$$

式中　$D$——分子扩散系数（或质量扩散系数）。

（3）牛顿黏性定律

流体的黏滞应力 $\tau_x$ 与垂直于运动迹线方向的速度梯度 $\dfrac{\partial \omega_x}{\partial y}$ 之间的关系为：

$$\tau_x = \mu \frac{\partial \omega_x}{\partial y} \tag{3-12}$$

式中　$\omega_x$——沿运动方向 $x$ 的流动速度；

　　　$y$——垂直与流体运动迹线方向的坐标；

　　　$\mu$——流体黏度。

（4）达西定律

通过多孔介质单位截面上的不可压缩流体容积流量（即比流量）与流体流动方向上的水力梯度$\partial\phi/\partial x$之间的关系为：

$$j_f = -K \frac{\partial \phi}{\partial x} \tag{3-13}$$

唯象定律有很多种，但与多孔介质传递过程密切相关的是上述四个定律。

**3. 唯象律的适用性**

上述定律所表述的通量与驱动力的线性关系，实际上是有局限性的。傅里叶定律的传统形式适用于温度不太高的情况；在质量传递中，如压力极低，或在极细小孔隙中进行质量传递，或粒子运动速度极快时则不遵守菲克定律；牛顿黏性定律仅适用于牛顿流体，而不能用于非牛顿流体；达西定律只适合于流速较低的应用范围。

为了表征多孔介质中的流动状态，将流体的雷诺数表示为：

$$R_e = ud/v \tag{3-14}$$

式中　$d$——定性尺寸或平均粒径；

　　　$v$——流体运动黏度。

大量实验表明，若取平均粒径为定性尺寸，则当$R_e < 10$时，流体处于层流区；当$R_e = 10 : 100$时，流动进入过渡区；$R_e \geqslant 100$时，流动进入湍流区。在过渡区和湍流区内，达西定律不适用。

由上述分析可以看出，流体在多孔介质中流动时，可能会偏离达西定律；导热过程偏离傅里叶定律；传质过程不遵循菲克定律；黏性流体偏离牛顿黏性定律等现象，可能会在一定条件下发生。由于流动、传热、传质过程相互耦合，必然导致各传递过程偏离各自线性唯象律的现象。

**4. 多孔介质各种传递过程的耦合**

在多孔介质中，各种不可逆传递过程之间存在着相互干扰与影响。在不可逆热力学中，称这种广义"力"与广义"流"之间的相互作用为耦合效应。它是由系统中各运动形态的相互影响造成的。文献［110］指出，多孔介质中流体的热物性参数，如黏力$\mu$、表面张力$\sigma$、密度$\rho$、多孔介质的渗透律$\kappa$随着温度$T$的变化等，是多孔介质中传热传质过程形成耦合的主要原因。结构参数及物性的变化也对多孔介质中的传热传质及流动过程产生较大影响，这就形成了各过程的相互作用及干扰。当系统接近平衡态时，传递过程的"流"$J_i$和驱动"力"$X_{i,j}$之间为线性关系，表达式为：

$$J_i = \sum_{i=1}^{n} L_{i,j} X_{i,j} \tag{3-15}$$

式中　$L_{i,j}$——唯象系数。

式（3-15）表明：一种"力"有可能推动几种"流"。反之，一种"流"有可能是几种不同的"力"推动的结果。传递过程中涉及的"流"有质量流（质量通量）$J_m$、能量流（热流密度）$J_q$、动量流（黏滞切应力）$J_v$、化学反应流（化学反应速度）$J_c$等。与之相对应的"力"有质量浓度梯度$X_m$、温度梯度$X_q$、速度梯度$X_v$、化学反应驱动力$X_c$等。一种"力"可能推动几种"流"，或者由几种"力"同时推动一种"流"。

1）Curie 定理

张量分析：上述各种"流"与"力"是具有不同阶的张量，$J_q$、$X_q$、$J_m$、$X_m$ 均为一阶张量（即矢量）；$J_v$、$X_v$ 为二阶张量；$J_c$、$X_c$ 为三阶张量（即标量）。Curie 定理以经典分析方法得出如下结论：在各向同性系统中，张量阶数相差为奇数的"流"与"力"不能耦合，而张量阶数相差为偶数或同阶张量的"流"与"力"可以耦合。因此，$J_q$ 与 $X_q$、$X_m$，$J_m$ 与 $X_m$、$X_q$，$J_v$ 与 $X_v$，$J_c$ 与 $X_c$ 之间可以耦合，而 $J_c$ 与 $X_q$、$X_m$，$J_v$ 与 $X_m$、$X_q$，$J_q$、$J_m$ 与 $X_c$、$X_v$ 之间不能耦合。

在某一介质中，无化学反应的动量、能量与质量传递过程，依据上述分析，则式（3-15）为：

$$J_q = L_{qq}X_q + L_{qm}X_m \tag{3-16}$$

$$J_m = L_{mq}X_q + L_{mm}X_m \tag{3-17}$$

上式说明，唯象系数 $L_{ij}$ 的下标 $i$，$j$ 分别代表 q，m。式（3-16）和式（3-17）符合 Curie 定理。它表明传质"流"$J_m$ 和传热"流"$J_q$ 均可与传质"力"$X_m$ 和传热"力"$X_q$ 相耦合。而动量"流"$J_v$ 和动量推动"力"$X_v$ 则不能列入此式。而实际情况，流体动量推动"力"$X_v$ 对流体边界层中传热"流"$J_q$ 和传质"流"$J_m$ 是有影响的。

2）Onsager 定律

该定律指出，只要对"流"$J_i$ 和"力"$X_i$ 作出适当选择，使其满足熵产率 $\sigma$ 方程为：

$$\sigma = \sum J_i X_i \tag{3-18}$$

则式（3-15）中唯象系数 $L_{ij}$ 的矩阵是对称的（$L_{ij} = L_{ji}$），即，第 $j$ 种"力"对第 $i$ 种"流"的影响或干扰，等于第 $i$ 种"力"对第 $j$ 种"流"的影响或干扰。

当"流"、"力"满足不可逆传输过程的熵产率方程：$\sigma = X_q J_q + X_m J_m$ 时，对式 3-16、式 3-17，则是 $L_{qm} = L_{mq}$，即导热驱动力 $X_q$ 对质量"流"$J_m$ 的推动效应，等于传质驱动力 $X_m$ 对热传导"流"$J_q$ 的推动效应。

Onsager 定律不仅简化了过程与计算，而且有助于更深入地揭示各种不可逆过程的耦合效应及其规律。建立熵产率方程，是选择"流"与"力"的关键环节。耦合是一种几个过程或系统通过彼此影响而联结起来的现象。多孔介质中各种现象的相互耦合也相当广泛。

**5. 饱和多孔介质传热与流动的控制方程**

多孔介质的孔隙完全被一种或几种完全互溶的单相流体充满的情况下多孔介质单向流动及传输的宏观方程。

1）连续方程

多孔介质的宏观质量守恒方程：

$$\frac{\partial(\phi\rho)}{\partial\tau} + \nabla g(\rho V) = 0 \tag{3-19}$$

式中　$\phi$——多孔介质的孔隙率，如果是非均匀介质，则 $\phi$ 是空间位置的函数；

　　　$\rho$——流体的密度（kg/m³）。

2）运动方程

（1）达西定律

在工程中经常遇到的主要流态是多孔介质中流体的层流运动（$Re$ 为 1～10），流体的容积流量与压力、重力及黏性力的关系服从达西定律。在各向同性、均匀多孔介质中取一控制体,其截面积为 $A$,高度为 $L$,孔隙率为 $\phi$,设压力 $p_2<p_1$ 且不随时间变化,流体自下而上流动。显然,这是单相流体通过多孔介质的一维稳态流动问题。其容积流量为 $q_v(\text{m}^3/\text{s})$,作用于流体上的作用力有:

压力差引起的作用力 $F_p$:

$$F_P=(p_2-p_1)\phi A \tag{3-20}$$

重力 $F_g$:

$$F_g=\rho(\phi AL)g \tag{3-21}$$

黏性阻力 $F_\mu$:

$$F_\mu=C\mu q_v L \tag{3-22}$$

式中 $C$——常数($1/\text{m}^2$),与比面成正比。

对于稳态流动,由力平衡分析知:

$$F_\mu+F_g=F_p \tag{3-23}$$

将式(3-20)~式(3-22)代入上式,得:

$$C\mu q_v L+\rho(\phi AL)g=(p_2-p_1)\phi A \tag{3-24}$$

经整理得:

$$q_v=-\frac{kA}{\mu L}\big[(p_1-p_2)+\rho gL\big] \tag{3-25}$$

式中 $k$——多孔介质的渗透率,$k=\dfrac{\phi}{c}$。

(2)滑动流动

当压力较低气体较稀薄时,多孔隙通道尺寸接近气体分子自由程,多孔固体颗粒壁面上产生滑动流现象,渗透率与压力的函数关系:

$$k_g=k_\infty\left[1+\frac{b}{p}\right] \tag{3-26}$$

式中 $k_\infty$——在非常大的气相压力下测得的多孔介质的渗透率。

当气体分子的平均自由程接近多孔介质的孔隙尺度时,由于分子和孔壁的碰撞程度与分子之间的碰撞程度具有可比性,从而多孔介质的渗透率会因为“滑移流动”而增加。结合连续方程和状态方程,给出一维瞬态流动和稳态流动的分析解。对于存在滑动流动时,得到达西定律修正式为:

$$q_{v1}p_1=-\frac{k_{p,\infty}A}{\mu}\left(1+\frac{2b}{p_1+p_2}\right)\left(\frac{p_1^2-p_2^2}{2}\right) \tag{3-27}$$

在压力特别低时,气体流动变成了分子流,宏观流动过程变成分子扩散过程。

3)能量方程

简单流动

运用热力学第一定律(能量守恒定律)分析多孔介质中的传热问题,从而得到描述其传热过程的能量方程。

假定某一多孔介质各向同性,不考虑辐射传热、黏度耗散传热和压力变化做功,满足局部热平衡假设,即 $T_s=T_f=T$,其中,$T_s$ 和 $T_f$ 分别表示固体相和流体相的温度。则:

固体能量平衡方程为:

$$(1-\phi)(\rho c)\frac{\partial T_s}{\partial \tau}=(1-\phi)\Delta \cdot (\lambda_s \Delta T_s)+(1-\phi)q_s''' \qquad (3-28)$$

流体能量平衡方程为：

$$\phi (\rho c_p)_f \frac{\partial T_f}{\partial \tau}+(\rho c_p)_f V \cdot T_f=\phi \Delta \cdot (\lambda_f \Delta T_f)+\phi q_f''' \qquad (3-29)$$

式中　$c$——固体的比热；

　　　$c_p$——流体的定压比热；

　　　$\lambda$——导热系数；

　　　$q'''$——内热源所产生的单位体积的热量，$W/m^3$；

下标 s 和 f 分别表示固相和液相。

在式（3-28）中，左边为导热的非稳态项，右边分别为热扩散项和源项。各项都乘系数（$1-\phi$），它反映了由固体骨架所占据的容积占总容积的比值。根据局部热平衡假设，可以将式（3-28）和式（3-29）合并得出：

$$(\rho c)_m \frac{\partial T}{\partial \tau}+(\rho c_p)_f V \cdot \Delta T=\Delta \cdot (\lambda_m \Delta T)+\phi q_m''' \qquad (3-30)$$

其中

$$(\rho c)_m=(1-\phi)(\rho c)_s+\phi (\rho c_p)_f \qquad (3-31)$$
$$\lambda_m=(1-\phi)\lambda_s+\phi \lambda_f \qquad (3-32)$$
$$q_m'''=(1-\phi)q_s'''+\phi q_f''' \qquad (3-33)$$

式中　$(\rho c)_m$——多孔介质的表观热容；

　　　$\lambda_m$——多孔介质的表观导热系数；

　　　$q'''$——多孔介质的表观内热源产热率。

### 3.3.4　初始条件及边界条件

一般情况下，所研究的内部过程与外部环境之间是相互影响的，外部环境影响内部过程，同时内部过程也影响外部环境。在建立模型的边界条件时，通常仅考虑外部环境对内部过程的单向影响。如果考虑内外环境之间相互影响，边界条件的确定非常困难，甚至是不可能的。在多孔介质传递过程中，若两种不同的介质相接触，并互为边界条件时，则可以考虑其相互影响。

多孔介质中传热传质过程与一般物体的热量、质量传递过程相比，其边界条件要复杂很多。

文献［112］通过从边界外呈一定变化规律的变量种类划分为两类：一类是以广延量流如质量、动量、能量通量在边界处的状况来表述；另一类以强度量，特别是 $p$、$T$、$\rho$ 等状态参数在边界处的值或变化规律来表示。

从各参数（包括广延量和强度量两类）在边界处的变化特点也划分为两类：一是突变型，当边界属于不同相的界面，或者处于两相交换（如液变气）时，某些状态参数（如 $\rho$、$k$、$c_p$ 及浓度等）会发生突变，热流也发生突变；其二为渐变型，如，边界处发生相或某一组分的对流、弥散或扩散等。

### 3.3.5　数学模型的简化

数学模型包含了许多变量及参数，反映了各变量对过程的影响。虽然对物理模型的定性分析作出了一些假设，使问题有所简化，但许多参数的作用很难准确估计，使得数学模型所包含的变量与函数仍很多，这就增加了求解难度。在流体力学和传热学研究中，增数量级分析的方法。经过适当处理后，将方程各项的数量级加以比较，在允许误差范围内，将数量级小的项略去，确定无因次量，以便简化计算。

（1）恰当地选择各参数的特征值，使其组成相应的无因次参数。

（2）将这些无因次参数带入原方程，将微分方程无因次化。

这样做能够得到一些有明确物理含义的无因次综合变量，这些变量在分析、判断和求解中扮演着重要角色；使方程摆脱了区域及单位制局限，并可将结果用于相似现象中去，对模型实验有指导意义；在数值计算中易于收敛等。

（3）对方程的各项进行数量级分析，以确定各项之取舍。通常按如下几种原则选取。

1）极大值原则

设速度 $u$，长度 $L$ 和时间 $\tau$ 等变量，模型数学方程适用区域为 X，则可分别选取区域内速度最大值为特征速度 $u_c$，空间坐标 $x$ 的特征值 $L_c^{(u)}$ 可选取速度 $u$ 最大且速度变化率也最大的那段最短距离，则有：

$$L_c^{(u)} = \frac{|u|_{max}}{\left|\dfrac{du}{dx}\right|_{max}} \tag{3-34}$$

如果函数 $u(x)$ 是未知的，则可用下式代替

$$L_c^{(u)} = \frac{u_c}{(\Delta u)_c} L \tag{3-35}$$

式中　$L$——区域的自然几何长度；

　　$(\Delta u)_c$——区域边界间的速度差。

用类似的方法选择特征时间 $\tau_c$ 为：

$$\tau_c^{(u)} = \frac{|u|_{max}}{\left|\dfrac{du}{d\tau}\right|_{max}} \tag{3-36}$$

其他参数如 $\rho$ 等亦可按上述方法选取。

2）方程无因化

在无因次量选取的基础上，将方程进行无因次化分析，得到一系列无因次综合变量。如傅里叶数、雷诺数、普朗特数等，这些无因次量都有明确的物理意义，称为准则数。下面是在多孔介质传热与流动过程分析中应用较普遍的准则数。

① 傅里叶数

$$F_{0(e)} = \frac{a_{(e)}\tau}{l^2} = \frac{\tau}{l^2/a_{(e)}} \qquad (e = q, m, v, p) \tag{3-37}$$

式中　$l$、$\tau$——分别为定性尺寸及时间。

下标 $q$、$m$、$v$、$p$ 分别表示热传导、质扩散、动量扩散、压力作用下扩散或渗透过程。

于是，在表述上，$F_{0q}$ 表示热传导、$F_{0m}$ 表示质扩散（$a_m = D$，为质扩散系数）、$F_{0v}$ 表示动量扩散（$a_v = v$，为运动黏度）、$F_{0p}$ 表示压力作用下渗透传质（$a_p = k/C_m\rho$ 为渗透系数，$C_m$ 为比质容）的 $F_0$ 数。

$F_0$是无因次时间，表示过程强度量或状态参数（如 $T$、$\rho$、比热 $C$、流速 $u$ 等）变化所经历的时间，与在 $l$ 所确定的区域内将上述变化扩散或弥散完毕所需时间之比，因此 $F_{0(e)}$ 是用来描述 $e$ 量的非稳态传递过程的。

② 毕奥数

$$Bi_{(e)} = \frac{a_{(e)}l}{k_{(e)}} \quad (e = q, m) \tag{3-38}$$

式中　$a_{(e)}$——$e$ 量对流传递系数；

$a_q$，$a_m$——分别为对流换热系数及对流传质系数，$a_q = h$；

$k_q$——导热系数，$k_q = \lambda$；

$k_m$——质量传导率。

说明：$Bi$ 有 $Bi_q$（热传导 $Bi$）和 $Bi_m$（质扩散 $Bi$）之分。$Bi_{(e)}$ 的物理含义是：壁面 $e$ 量传递（传热或传质）强度与物体传导率（导热率与质量传导率）之比。

③ 雷诺数

$$Re = \frac{ul}{v} \tag{3-39}$$

式中　$v$——流体运动黏性系数；

$Re$——表述了流体惯性力与其黏性力之比。

④ 普朗特数

$$Pr = \frac{v}{a} \tag{3-40}$$

式中　$Pr$——表征速度场对温度场相对惯性率。

⑤ 贝克来数

$$Pe = \frac{ul}{a} \tag{3-41}$$

式中　$a$——热扩散系数，表示流体对流传热量与导热量之比；

$Pe$ 与其他准则数的关系为：$Pe = RePr$

⑥ 努塞尔数

$$Nu_{(e)} = \frac{\alpha_{(e)}l}{k_{(e)}} \quad (e = q, m) \tag{3-42}$$

式中　$Nu_{(q)}$——边界层中 $e$ 量对流强度与传导（扩散）强度之比；

$Nu_{(e)}$——对流换热强度与热传导强度之比；

$Nu_{(m)}$——对流传质强度与质量扩散强度之比（舍伍德准则数，以 $Sh$ 表示，即 $Sh = Nu_m$）；

$k_q$——导热系数，$k_q = \lambda$；

$k_m$——质量传导率。

⑦ 达西数

$$Da = \frac{k_c/\phi u}{l^2} \tag{3-43}$$

式中　$k_c$——特征渗透率；

达西数表示了多孔介质渗透能力的大小。达西数越大，则表示多孔介质可渗透度越大，对于流体区内的流动强度的影响越小。

⑧ 瑞利数

$$Ra = \frac{\beta \Delta T g k L}{a v} \qquad (3-44)$$

式中 $\beta$——多孔体内流体膨胀系数；

$\Delta T$——流体温度变化量；

$L$——为定性尺寸。

其余符号含义同前。上式表明，$Ra$ 数是多孔体内流体因温差而产生的浮力与其黏性力之比，它描述了由温差而引起的多孔体内流体的流动过程。

⑨ 欧拉数

$$E_u = \frac{\Delta p \tau}{\rho u^2} \qquad (3-45)$$

式中 $\tau$——多孔体弯曲率；

$\Delta p$——多孔体中流体压差；

$E_u$ 多孔介质中流体压力差与其惯性力之比，用来描述多孔介质中流体流动过程。

上述给出了与多孔介质传热及流动有关的无量纲准则，在无因次化分析之后，对方程中的各项进行数量级分析，根据量级大小来确定方程中的次要项，然后删除次要项来简化质量、动量和能量守恒方程。

### 3.3.6 求解方法

对多孔质传热传质问题的求解方法，可归纳为以下三类：

**1. 解析解法**

对由基本方程及其边界条件所组成的某些定解问题，若为适定的，可由数学表达式的性质与特点，采用解析法求解。包括直接积分法、分离变量法、叠加法、Duhamel 积分法、保角映射法、小扰动法、拉普拉斯变换法、映像法及近似积分法等。解析解法仅适用于线性齐次问题或简单的非线性非齐次问题。解析解法的优点在于其推导严格、表达清晰，为其他解法提供了比较标准。因此，尽量使用解析方法求解各类问题，即使用它只得到一些局部结果，也有极好的参考价值。

**2. 数值解法**

数值解法是近几十年来发展起来的一种求解方法，在求较复杂的传热传质及流动问题时比较有效。包括有限差分法、有限元法等。数值解法的适应性强，只要所采用的离散化分析与求解方法得当，其结果是相当精确的，尤其是对那些既难以用解析法求解又难以付诸实验的问题，采用数值法就成了唯一途径。

数值解法本身有许多相互关联和约束原则，只要按照规定的程序和原则进行分析与计算，结果可以逼近于实际问题。数值解也有缺点，如所得结果是一系列的离散数据，而不是公式。另外，数值解会有误差，而且解的稳定性也有一定的前提条件。

**3. 模拟法或实验法**

模拟法包括：热质模拟、水力模拟、动量模拟、点模拟等。

实验法包括：模型实验和实物实验等。

当数学模型过于复杂，数值计算工作量过大、难以实施时，模拟法或实验法则是最有效、最可靠的方法。另外，实验模拟还为解析解、数值解提供了可靠的检验手段，又是观察和探讨各种复杂的多孔介质传热传质问题的一种必要途径。

在求解多孔介质传热传质实际问题时，需要将上述三种方法结合起来综合运用。

# 3.4　三河尖矿奥陶水与岩体间传热的理论分析

## 3.4.1　计算假定

奥陶水与岩体间换热过程非常复杂，为了方便计算，我们考虑两种情况分别计算。

假设系统为封闭循环，没有补给水源，回灌回来的冷水完全由岩壁加热。

## 3.4.2　计算公式

无补给水源情况下，岩壁和回灌回来的冷水之间的换热过程，假定是一维稳态导热，巷道传热影响半径取 200m。则其换热量可按下列公式计算：

$$q = \frac{\lambda(t_1 - t_2)}{\delta} \tag{3-46}$$

式中　$q$——岩体的传热量，$W/m^2$；

　　　$\lambda$——岩体传热系数，$W/(m^2 \cdot ℃)$；

　　　$t_1$——巷道内奥陶水的温度，℃；

　　　$t_2$——岩体温度，℃；

　　　$\delta$——温度场影响范围内岩体的厚度，m。

$$Q = cm\Delta t \tag{3-47}$$

式中　$Q$——水的吸热量，W；

　　　$C$——水的比热，$4.2 \times 10^3 J/(kg \cdot k)$；

　　　$m$——水的流量，$kg^3/s$；

　　　$\Delta t$——回灌水口和抽水口间的温差，℃。

## 3.4.3　计算参数

（1）灰岩导热系确定：

岩石的热物理性质主要包括比热（$c$）、热导率（$k$）、热扩散率（$\lambda$）。

根据三河尖矿提供的地质报告，西安煤科院和徐州矿务局地勘队在三河尖井田的 13—2 孔钻进过程中，共采集热物理参数测试样 50 个，井下顶底板及煤样 7 个。测试结果见表 3-1。

13-2 孔热物理参数统计表　　　　　　　　　　　　　表 3-1

| 岩　性 | 泥　岩 | 砂泥岩 | 砂　岩 | 灰　岩 | 煤 |
|---|---|---|---|---|---|
| 比热(J/kg·K) | 950.404 | 962.964 | 900.162 | 891.788 | 1327.216 |
| 热导率(W/m·K) | 2.74 | 2.58 | 3.37 | 2.94 | 0.32 |
| 热扩散率($10^{-7}m^2/s$) | 11.07 | 10.41 | 14.71 | 12.27 | 1.83 |

因煤系地层各层段岩性差别较大，各段的调和热导率 $K$ 用加权法求得：

$$K = \frac{D}{\frac{d_1}{k_1} + \frac{d_2}{k_2} + \cdots + \frac{d_n}{k_n}} \tag{3-48}$$

式中　　　　$D$——计算段厚度，$D = d_1 + d_2 + \cdots + d_n$；

$d_1$、$d_2$、$\cdots$、$d_n$——岩层导热率；

$k_1$、$k_2$、$\cdots$、$k_n$——热流计算段厚度。

根据表 3-1 及 13-2 孔不同岩性厚度用式（3-48）求出各层段调和热导率见表 3-2。按照 13-2 钻孔热物理参数资料，并综合考虑上述因素，灰岩的导热系可近似取 $\lambda = 3W/m \cdot K$。

**13-2 孔各层段调和热导率**　　　　表 3-2

| 地层系统 | 侏罗-白垩系 | 二叠系 | 石炭系 | 奥陶系 |
|---|---|---|---|---|
| 调和热导率[W/(m·K)] | 2.737 | 2.284 | 2.22 | 2.94 |

（2）进出口水温度。根据三河尖矿提供的资料，奥陶水温度 50℃，考虑到热损失的影响，暂时按 48℃ 考虑，经用户端提取热量后，回水温度为 11℃，回灌到废弃巷道，由围岩加热再循环利用。

（3）岩体温度。岩体温度预测，选 7 煤层作为预测层，预测结果三河尖矿地温是较高的，−1300m 处 7 煤底板温度达 56℃，温度梯度 3.24℃/100m，以此推算 −760m 处的原岩温度为 38℃。

（4）岩体计算厚度。岩体在一定范围内影响巷道内的水温，这一范围的确定，应综合考虑岩体的传热特点，温度场分布情况，岩体厚度一般应取温度场基本稳定区域，现选取 200m 范围内的岩体进行计算。

（5）巷道尺寸及计算单元的划分。巷道长 1000m，宽 4m，高度 3.2m，岩体和奥陶水传热影响半径取 200m，为了简化计算，将巷道沿长度方向分成 10 段，每 100m 为一段，分别计算各段温差，然后再叠加，则可知进出口的最大温差。

### 3.4.4 岩体与奥陶水的换热计算

根据上述基本假定，计算公式，计算参数，在流量为 478m³/h 时，给出不同的回灌口进水温度，分别为 10～30℃ 步长为 2，进行计算，在表 3-3、表 3-4 给出了进口水温度为 16℃ 和 18℃ 时岩体和巷道奥陶水之间的换热量、出口水温度、进出口温差。

**岩体和巷道奥陶水之间的换热量及进出口温差计算表（进口水温度 16℃）**　　　　表 3-3

| 计算巷道分段编号 | $Q$(kW) | $t_1$(℃) | $t_2$(℃) | $\Delta t$(℃) |
|---|---|---|---|---|
| 1 | 1440.67 | 16 | 18.80 | 2.8 |
| 2 | 1269.16 | 18.80 | 21.20 | 2.4 |
| 3 | 1139.57 | 21.20 | 23.30 | 2.1 |
| 4 | 1024.10 | 23.30 | 25.14 | 1.84 |
| 5 | 921.21 | 25.14 | 26.75 | 1.61 |

续表

| 计算巷道分段编号 | $Q$(kW) | $t_1$(℃) | $t_2$(℃) | $\Delta t$(℃) |
|---|---|---|---|---|
| 6 | 829.54 | 26.75 | 28.16 | 1.41 |
| 7 | 747.85 | 28.16 | 29.39 | 1.23 |
| 8 | 675.06 | 29.39 | 30.45 | 1.06 |
| 9 | 610.21 | 30.45 | 31.41 | 0.96 |
| 10 | 560.63 | 31.41 | 32.24 | 0.83 |
| 合计 | 9218 | | | 16.24 |

岩体和巷道奥陶水之间的换热量及进出口温差计算表（进口水温度 18℃）　表 3-4

| 计算巷道分段编号 | $Q$(kW) | $t_1$(℃) | $t_2$(℃) | $\Delta t$(℃) |
|---|---|---|---|---|
| 1 | 1304.5 | 18 | 20.32 | 2.32 |
| 2 | 1148.58 | 20.32 | 22.26 | 1.94 |
| 3 | 1030.77 | 22.26 | 23.99 | 1.73 |
| 4 | 925.8 | 23.99 | 25.52 | 1.53 |
| 5 | 832.27 | 25.52 | 26.9 | 1.38 |
| 6 | 748.93 | 26.9 | 28.22 | 1.32 |
| 7 | 674.66 | 28.22 | 29.49 | 1.27 |
| 8 | 608.49 | 29.49 | 30.7 | 1.21 |
| 9 | 549.53 | 30.7 | 31.79 | 1.09 |
| 10 | 504.46 | 31.79 | 32.8 | 1.01 |
| 合计 | 8328 | | | 14.8 |

从表 3-3、表 3-4 可以看出，当进口水温度为 16℃时，岩体和巷道奥陶水之间的理论计算换热量为 9218（kW），出水口温度为 32.24℃，进出水口温差为 16.24℃；当进口水温度为 18℃时，岩体和巷道奥陶水之间的理论计算换热量为 8328（kW），出水口温度为 32.8℃，进出水口温差为 14.8℃。沿着巷道长度上，从进水口到出水口，每 100m 的温度差，随着温度的升高减小，距离进水口最近的第一个计算单元，温差最大，接近出水口的计算单元，温差最小。

当流量不同时，进出口水温差不同，传热量也不同，为了研究流量、进口水温度、出口水温度、传热量之间的关系，计算了 400m³/h，478m³/h，500m³/h 三种流量下，不同进口水温度下的出口水温度，进出水温差，传热量，计算结果见图 3-4～图 3-6。

从图 3-4～图 3-6 中可以看出，巷道内的奥陶水与岩体之间的传热量，与进口水温度有关，进口水温度越低，传热量越多，进出水口温差越大；进口水温度越高，传热量越少，进出水口温差越小。在进口水温度一定时，流量越大，出口水温度越低，进出口水温差越小。

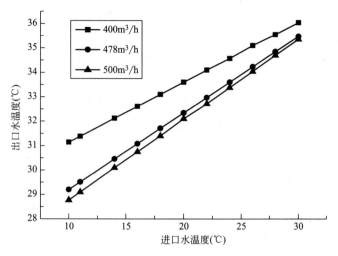

图 3-4 三种不同流量下进口水温度与出口水温度的关系曲线

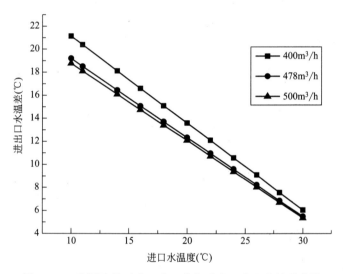

图 3-5 三种同流量下进口水温度与进出口水温差关系曲线

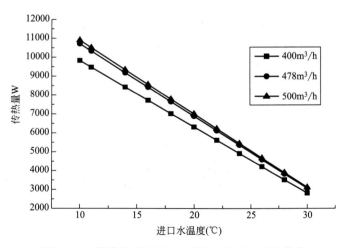

图 3-6 三种同流量下进口水温度与传热量关系曲线

## 3.5　本章小结

　　本章运用多孔介质中的传热传质理论，对奥陶系灰岩承压含水层的地层、奥陶系灰岩裂隙岩溶含水层特征和 21102 工作面采空区水源特征分析，针对高温奥陶水资源的特点，研究分析了深部岩体与高温承压奥陶水之间的换热过程及传热机理，并进行了三种流量，11 种进口水温度条件下的换热过程计算，揭示了其传热规律。

# 第4章　三河尖矿奥陶水与围岩相互作用数值分析

本章采用数值分析的方法，建立数值模型，对不同模拟工况围岩和巷道内奥陶水之间传热过程进行分析，找出了巷道内奥陶水温度场变化规律，确定了巷道内奥陶水的供热能力。

## 4.1　FLUENT 简介

FLUENT 是目前处于世界领先地位的商业 CFD（Computational Fluid Dynamics）计算流体动力学软件包之一，最初由 FLUENT Inc. 公司发行。2006 年 2 月被 ANSYS Inc. 公司收购，目前 ANSYS Inc. 公司是全球最大的 CAE（Computer Aided Engineering 计算机辅助工程）软件公司之一[111]。

FLUENT 是用于分析和模拟复杂几何区域内的流体传热和流动现象的一个专用软件。FLUENT 可以支持多种网格，提供了灵活方便的网格特性[112]。用户可以使用结构化或者非结构化网格等方式来划分各种复杂的几何区域，例如针对二维问题支持三角形网格或四边形网格；针对三维问题支持四面体、六面体、棱锥、楔形、多面体网格；同时也支持混合网格。用户也可以利用 FLUENT 提供的网格自适应特性在求解过程中根据所获得的计算结果来优化网格。

FLUENT 是用 C 语言开发的，支持 UNIX 和 Windows 等多种平台，且支持并行计算，用户/服务器的结构，可以在不同操作系统的服务器和工作站间共同完成同一个任务。通过菜单界面进行人机交互，并可以通过多窗口随时观察计算进程及计算结果[113]。计算结果可以采用矢量图、剖面图、等值线图、云图、动画、XY 散点图等多种方式显示、存贮及打印，也可以将计算结果保存为 FEM（Finite Element Method）软件、其他 CFD 软件或者后处理软件支持的格式[114]。同时 FLUENT 还为用户提供了便捷的编程接口，在运行 FLUENT 的基础上用户可以控制、定制有关的输入输出，也可进行二次开发。

CFD 软件均有前处理、求解器、后处理三个主要功能部分。前处理是完成建模及网格生成的程序；求解器是对控制方程组求解的程序；后处理是显示并输出计算结果的程序。FLUENT 软件设计思想的是 CFD 软件群。FLUENT 软件包主要由 Fliters、Tgrid、FLUENT、GAMBIT 等部分组成。

（1）前处理器（GAMBIT、Tgrid 和 Fliters）

其中 GAMBIT 是 FLUENT Inc. 公司自主研发的 CFD 专用前处理器，主要用于模拟对象的几何建模及网格生成。Tgrid 是一个附加的前处理器，用来从 GAMBIT 或其他 CAD/CAE 软件包中读入已生成模拟对象的几何结构，从边界网格开始，生成由三角形、四面体或者混合网格所组成的体网格。Filters 是其他 CAD/CAE 软件包，比如：

PATRAN、CGNS、ANSYS、ICEM、I-DEAS、NASTRAN 等均与 FLUENT 之间的接口，通过接口将其他 CAD/CAE 软件包生成的面网格或体网格读入到 FLUENT 中再运行[115]。

（2）求解器

求解器是 CFD 软件包的核心部分，实际上 FLUENT 就是一个求解器，FLUENT 6.3.26 是一个通用求解器，适用于非结构化网格，且支持并行计算，有单精度和双精度之分。生成的网格读入到 FLUENT 中后，其余操作都可在 FLUENT 里面完成，操作内容有：定义材料性质、设置边界条件、执行求解、优化网格、计算结果的后处理。

（3）后处理器

FLUENT 自身带有强大的后处理功能，有剖面图、矢量图、云图、粒子轨迹图、XY 散点图、等值线图、动画等多种方式显示、存贮及输出计算结果，可以缩放、镜像图像、平移、旋转等，也可以将计算结果导到 CFD、FEM 的其他软件中或其他后处理软件中，如：Tecplot。

FLUENT 软件包的结构如图 4-1 所示，从图中可以看出：完成一个流体传热与流动问题的计算过程：首先利用 GAMBIT 或者用其他前处理器，完成对象的几何结构建模以及计算网格生成，然后将网格导入到 FLUENT 中进行求解计算，最后再对计算结果进行分析处理。

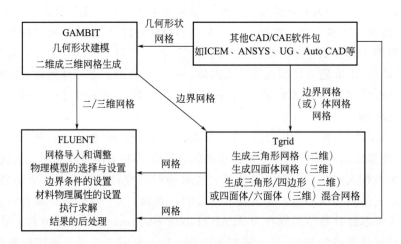

图 4-1　FLUENT 软件包结构示意图

## 4.2　基本假设

（1）地热井所在地层为砂岩。砂岩的孔隙有原生和次生之分，其中次生砂岩结构又分为正常的孔隙结构、缩小的粒间孔隙结构、扩大的粒间孔隙结构[1]，孔隙结构比较复杂，而且砂岩的粒径分布规律也不一样，为了研究问题方便，假设砂岩为各向同性的多孔介质。

（2）工作面采空区陷落后，会引起砂岩内部结构的变化，从而对其渗流性产生影响，孔隙的分布会产生变化，为了研究问题方便，假设顶板完全陷落，采空区所引起的岩石孔隙的变化均匀分配到和巷道等长等宽，高度等于两井井底竖向高度的范围内。

（3）在采空区的周围壁面上，换热条件都是一样的。

## 4.3　原岩温度的确定

（1）丰沛矿区的恒温带

根据煤炭部147队在三河尖井田外施工的恒温带观测孔，1985年1～12月勘测资料确定：丰沛矿区（包括三河尖井田）的恒温带深度为30m，温度为16℃。

（2）三河尖井田的地温梯度

三河尖矿共有测温钻孔19个，井下炮眼测温点8个。由各孔底（点）温度（$T$）、深度（$H$）及恒温带参数，根据 $G=（T-T_恒）/（H-H_恒）$ 求出地温梯度，并绘制成三河尖矿井田地温梯度等值线图（图4-2）。

从三河尖井田地温梯度等值线图可看出三河尖井田测温点少且分布不均，但仍可看出在煤层埋藏较浅的龙固背斜、$F_2$断层上盘地温梯度大，而煤层埋藏较深的部位地温梯度较小。三河尖井田地温梯度在2.75～3.46℃/100m之间。平均大于3℃/100m，属高温类矿井。

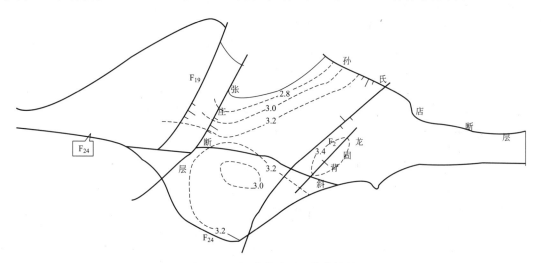

图4-2　三河尖煤矿地温等值线图

三河尖井田有两个准稳态测温孔，13-2孔和11-2孔，结合恒温点对测温曲线进行校正，并按地层系统分段，根据 $G=\Delta T/\Delta H$ 求出各段地温梯度。计算结果见表4-1。

**13-2孔、11-2孔各段地温梯度统计表 单位:℃/100m**　　　　　　　　表4-1

| 地温梯度 | 第四系 | 侏罗—白垩系 | 二叠系 | 石炭系 |
|---|---|---|---|---|
| 13-2 | 3.5 | 2.8 | 3.29 | 3.43 |
| 11-2 | 3.0 | 2.98 | 3.09 | 3.72 |
| 平均 | 3.25 | 2.89 | 3.19 | 3.575 |

（3）深部原岩温度预测。三河尖井田地温场是传导型地温场，煤层埋藏较深的部位产状平缓，第四系、侏罗—白垩系厚度稳定。故预计深处地温可采用公式：

$$T = T_{恒} + G \times (H - H_{恒}) \tag{4-1}$$

模型计算处原岩温度为 38℃。

## 4.4　模型建立

### 4.4.1　计算流体动力学概述

计算流体动力学 CFD（computational fluid dynamics）是对包含流体传热和流动等物理现象作系统分析，并通过计算机进行数值计算及图像显示[114]。

CFD 的基本思想为：将在空间域和时间域上连续物理量的场，比如：压力场和速度场等，用有限个离散点上的一系列变量值的集合来代替，按照一定规则建立起这些变量之间关系的代数方程组，并对其求解。

CFD 可以看作是流体基本方程控制下对流体流动的数值模拟。利用这种模拟方法，可以获得极其复杂问题的流场内各个位置上物理量（比如压力、速度）的分布，进而得到这些物理量随着时间的变化情况。据此还可算出其他相关的物理量，如：力损失。

CFD 方法与理论分析方法、试验测量方法共同组成了研究流体流动问题的完整体系[115]。理论分析方法具有以下优点：①分析结果具有普遍意义；②各影响因素均清晰可见。这种分析方法是验证新的数值计算方法及指导试验研究的理论基础。然而，理论分析方法要求首先需对所计算对象进行抽象与简化，才有可能求得理论解。而非线性情况，只有少数流动能给出其解析结果[116]。试验测量的方法所获得的结果真实可信，是数值计算和理论分析的基础，其作用非常重要，不可忽视。但是，试验往往会受到模型尺寸、人身安全、流场扰动和测量精度等因素的限制，不是任何情况都可通过试验的方法获得结果。另外，试验的方法还存在人力、物力、资金投入的巨大耗费和周期较长等诸多困难。而CFD 方法恰好克服了上述两种方法存在的缺点，通过计算机上进行一个特定计算，就好像是在计算机上做一次物理试验一样。比如，机翼的扰流问题，通过在计算机计算并将计算结果显示在屏幕上，就可以看到流场的每个细节：比如波的强度及运动、流动的分离、涡的形成与传播、表面压力分布、受力的大小及随着时间的变化情况等[117]。通过计算机CFD 数值模拟能够形象地再现流动过程的场景，和做试验没什么区别，可观察的过程甚至比做试验还详细。目前计算流体动力学已经应用到土木工程、水利工程、海洋结构工程、食品工程、工业制造以及环境工程等许多领域。

### 4.4.2　数学模型

对于所有的流动，FLUENT 都是求解质量和动量守恒方程。对于本工程，有固体与流体的传热，流体在灰岩内的流动主要是层流，所涉及的方程如下：

**1. 质量守恒方程**

$$\frac{\partial \rho}{\partial t} + \frac{\partial}{\partial x_i}(\rho u_i) = S_m \tag{4-2}$$

式中 $\rho$ 是密度，$u$ 是速度，$S_m$ 是源项，是从分散的二级相中加入到连续相的质量（比方说由于液滴的蒸发），也可以是任何的自定义源项。

**2. 动量守恒方程**

在惯性（非加速）坐标系中 $i$ 方向上的动量守恒方程为：

$$\frac{\partial}{\partial t}(\rho u_i) + \frac{\partial}{\partial x_j}(\rho u_i u_j) = -\frac{\partial p}{\partial x_i} + \frac{\partial \tau_{ij}}{\partial x_j} + \rho g_i + F_i \tag{4-3}$$

式中 $p$ 是静压，$\rho$ 是密度，$\tau_{ij}$ 是下面将会介绍的应力张量，$u$ 是速度，$\rho g_i$ 和 $F_i$ 分别为 $i$ 方向上的重力体积力和外部体积力（如离散相相互作用产生的升力）。$F_i$ 包含了其他的模型相关源项，如多孔介质和自定义源项。

应力张量由下式给出：

$$\tau_{ij} = \left[\mu\left(\frac{\partial u_i}{\partial x_j} + \frac{\partial u_j}{\partial x_i}\right)\right] - \frac{2}{3}\mu\frac{\partial u_l}{\partial x_l}\delta_{ij} \tag{4-4}$$

**3. 能量方程**

FLUENT 所解的能量方程的形式为：

$$\frac{\partial}{\partial t}(\rho E) + \frac{\partial}{\partial x_i}[u_i(\rho E + p)] = \frac{\partial}{\partial x_i}\left(k_{eff}\frac{\partial T}{\partial x_i} - \sum_{j'} h_{j'}J_{j'} + u_j(\tau_{ij})_{eff}\right) + S_h \tag{4-5}$$

式中 $k_{eff}$ 是有效热传导系数（$k + k_t$，其中 $k_t$ 是湍流热传导系数，根据所使用的湍流模型来定义），$J_{j'}$ 是组分 $j'$ 的扩散流量。上面方程右手边的前三项分别描述了热传导、组分扩散和黏性耗散带来的能量输运。$S_h$ 包括了化学反应热以及其他用户定义的体积热源项。

在上面的方程中：

$$E = h - \frac{p}{\rho} + \frac{u_i^2}{2} \tag{4-6}$$

其中，理想气体的焓定义为：

$$h = \sum_{j'} m_{j'} h_{j'} \tag{4-7}$$

对于可压流为：

$$h = \sum_{j'} m_{j'} h_{j'} + \frac{p}{\rho} \tag{4-8}$$

在式（4-7）和式（4-8）中，$m'_j$ 是组分 $j'$ 的质量分数，而且

$$h_{j'} = \int_{T_{ref}}^{T} c_{p,j'} dT \tag{4-9}$$

其中 $T_{ref}$ 为 298.15 K。

## 4.4.3 几何模型建立及网格划分

依据采空区的宽度长度及打井设计位置建立一个几何模型。为了简化计算，模型长度 1000m，高度为 3.2m，宽度取采空区宽度的一半为 2m。抽水井和回灌井管径为 300mm。由于模型体积比较大，且回灌井和抽水井尺寸与巷道尺寸相比相差悬殊，而且对于模型不同的部分要定义不同的区域类型，对模型进行了分解网格的划分，回灌井和抽水井采用 COPPER 方法进行网格划分，控制 SIZE 为 0.4，其他采用非结构化网格进行网格划分，控制 SIZE 为 0.8，回灌井口和抽水口模型及网格划分结果见图 4-3 和图 4-4。

### 4.4.4 模拟参数

假设为封闭循环，没有补给水源，水完全由岩壁加热，奥陶水与岩体间传热过程的模拟计算参数列于表 4-2 中。

模拟计算参数表　　　　　　　　　　　　　　　　　表 4-2

| | 导热系数 λ (W/m・K) | 比热 c (J/kg・K) | 灰岩的热扩散率 (10~7m²/s) | 运动黏度 v (m²/s) | 回灌口处压强 P (MPa) | 孔隙率 e(%) | 原岩温度 T(℃) |
|---|---|---|---|---|---|---|---|
| 灰岩 | 2.94 | 891.788 | 12.27 | $0.805 \times 10^{-6}$ | 7.6 | 50 | 38 |
| 水 | 0.618 | 4200 | | | | | |

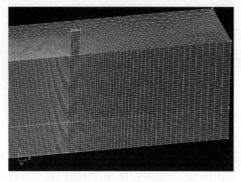

图 4-3　回灌井入口模型及网格划分放大图

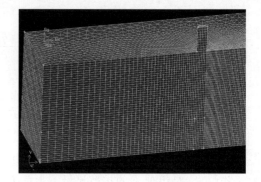

图 4-4　抽水井入口模型放大图

## 4.5　模拟工况

（1）流量为 478m³/h 封闭循环，进口水流速为 1.8m/s，温度分别为 10～30℃步长为 2，研究在一定流量下，不同进口水温度（回灌水温度）对奥陶水温度场的影响；

（2）给定回灌进口水温度 18℃，流量分别为 400m³/h，478 m³/h，500 m³/h，研究在一定进口水温度（回灌水温度）下，不同流量对奥陶水温度场的影响。

## 4.6　巷道内奥陶水温度场变化规律

奥陶水在巷道内与围岩之间的传热过程，见下列温度分布图，图 4-5 为全局温度分布图，由于巷道较长（1000m），能看到的仅仅一条线，从图可以看出整个巷道的温度变化规律，进口处为蓝色，温度最低，出口处为橘黄色，温度较高。

如图 4-6 和图 4-7 所示，16℃的水回灌到巷道中，巷道围岩和奥陶水接触换热，温度不断升高，到达出口时温度上升到 33℃，回灌奥陶水温度被提升 15℃。

从图 4-8～图 4-18 可以看出，回灌进来的 16℃的水，在进水口断面被加热，该断面温度平均值 20.70℃；向前走 100m，断面温度平均值为 23.90℃，比进水口断面平均温度升高了 3.2℃，比进水温度升高了 7.9℃；再向前走 100m，距进水口 200m 断面温度平均值

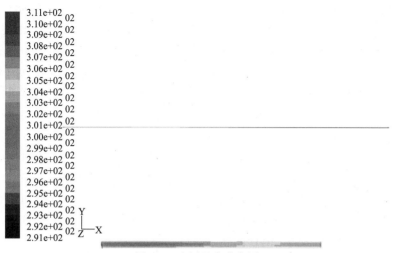

图 4-5 全局温度分布图

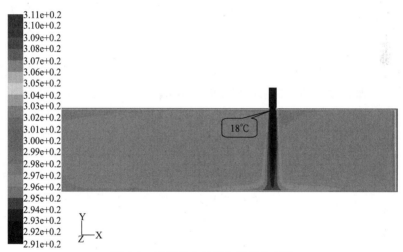

图 4-6 回灌井入口纵向温度分布图

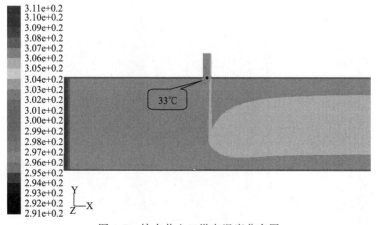

图 4-7 抽水井入口纵向温度分布图

为 25.88℃，比前一断面平均温度升高了 1.98℃，比进水温度升高了 9.88℃；距进水口 300m 断面温度平均值为 27.75℃，比前一断面平均温度升高了 1.87℃，比进水温度升高了 11.75℃；距进水口 400m 断面温度平均值为 28.54℃，比前一断面平均温度升高了 0.79℃，比进水温度升高了 12.54℃；距进水口 500m 断面温度平均值为 29.26℃，比前一断面平均温度升高了 0.72℃，比进水温度升高了 13.26℃；距进水口 600m 断面温度平均值为 29.92℃，比前一断面平均温度升高了 0.66℃，比进水温度升高了 13.92℃；距进水口 700m 断面温度平均值为 30.51℃，比前一断面平均温度升高了 0.59℃，比进水温度升高了 14.51℃；距进水口 800m 断面温度平均值为 32.06℃，比前一断面平均温度升高了 0.55℃，比进水温度升高了 16.06℃；距进水口 900m 断面温度平均值为 32.55℃，比前一断面平均温度升高了 0.49℃，比进水温度升高了 16.55℃；出水口断面温度平均值为 33.19℃，比前一断面平均温度升高了 0.64℃，比进水温度升高了 17.19℃。温度沿巷道离进水口的距离越远温度越高，温度的升高是渐变的过程。

从图 4-6～图 4-18 温度分布可以明显看出，围岩与奥陶水的传热过程。从进口横断面温度分布图看，靠近岩壁附近黄色区域温度约为 32℃，向里绿色区域温度约 28℃，在向里淡青色区域温度约 25℃；距离进水口 200m 断面温度分布，顶板和底板给水传热比较明显，岩壁附近的黄色区域温度约为 32℃，靠近顶板和底板附近的黄绿色区域温度约 29℃，中间绿色区域温度约为 27℃，顶底板和岩壁对水温度的影响范围在扩大；距离进水口 400m 断面温度分布，顶板和底板给水传热更加明显，岩壁附近的 32℃ 黄色区域范围在向内延伸，靠近顶板和底板附近的 29℃ 黄绿色区域也在向内扩展，中间绿色区域范围变小且颜色变浅温度约为 28℃；距离进水口 600m 断面温度分布，顶板和底板附近的 32℃ 黄绿色区域明显向内扩展，中间黄绿色区域范围缩小且颜色变得更浅温度约为 30℃；距离进水口 800m 断面温度分布，颜色全部变为了暖色，顶板和底板附近的橘黄色区温度约 32℃，中间黄色区域温度约为 31℃；出口断面温度分布，颜色变为橘黄色温度约为 33℃，由于抽水，有两处温度略低的漩涡，不影响抽水口抽水温度。从上述分析得知围岩的顶底板给奥陶水传热，巷道断面距进水口越远，其影响范围越大，传热效果越明显，图 4-19 为奥陶水沿着巷道长度温度分布曲线图。

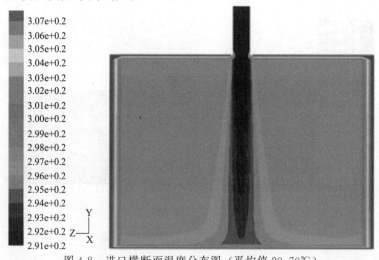

图 4-8　进口横断面温度分布图（平均值 20.70℃）

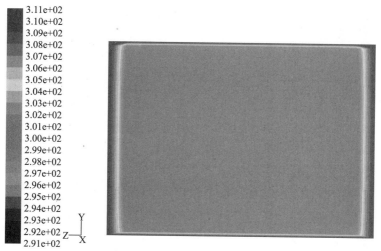

图 4-9　距进口 100m 处横断面温度分布图（平均值 23.90℃）

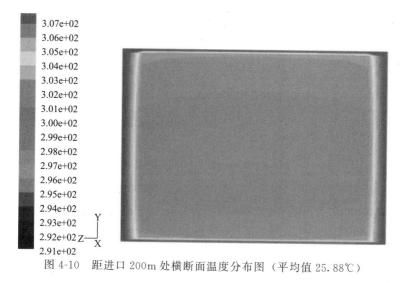

图 4-10　距进口 200m 处横断面温度分布图（平均值 25.88℃）

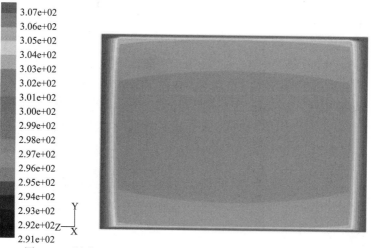

图 4-11　距进口 300m 处横断面温度分布图（平均值 27.75℃）

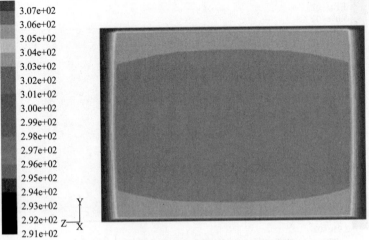

图 4-12　距进口 400m 处横断面温度分布图（平均值 28.54℃）

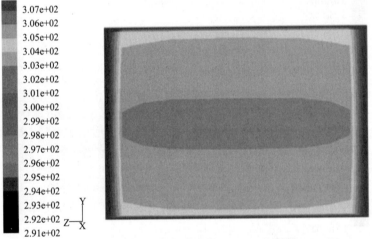

图 4-13　距进口 500m 处横断面温度分布图（平均值 29.26℃）

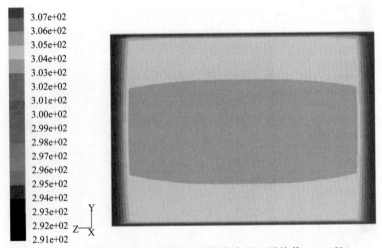

图 4-14　距进口 600m 处横断面温度分布图（平均值 29.92℃）

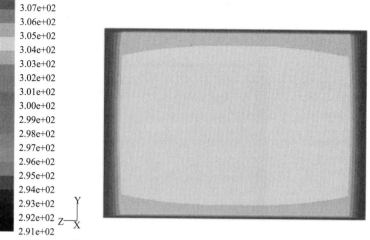

图 4-15 距进口 700m 处横断面温度分布图（平均值 30.51℃）

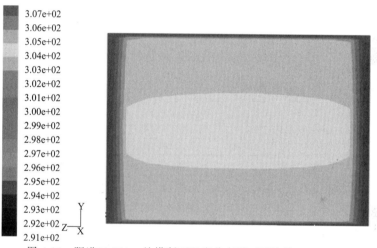

图 4-16 距进口 800m 处横断面温度分布图（平均值 30.06℃）

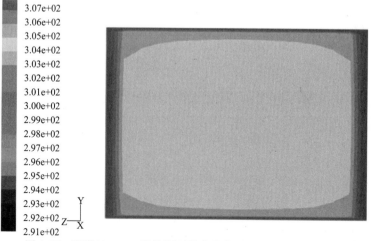

图 4-17 距进口 900m 处横断面温度分布图（平均值 32.55℃）

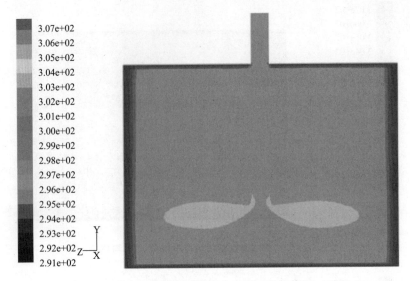

图 4-18   出水口处横断面温度分布图（平均值 33.19℃）

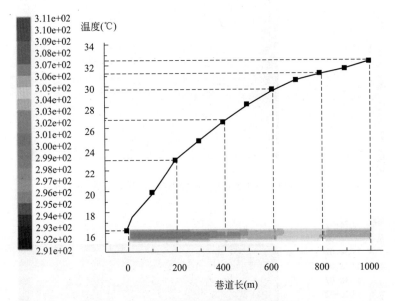

图 4-19   奥陶水沿巷道长度温度分布图

## 4.7   结果分析

在流量为 478m³/h 时，进口水温度不同所传递的热量不同，出口水温度和进出口水温差也不同；对应不同进口水温度时的出口水温度和进出口水温差、传递的热量的理论计算结果和数值模拟数据及误差分析分别见表 4-3～表 4-5。

**流量为 478m³/h 时出口水温度理论计算和数值模拟数据及误差分析表**　　表 4-3

| 进口水温度(℃) | 出口水温度(℃) | | 误差分析(%) |
| --- | --- | --- | --- |
| | 理论计算 | 数值模拟 | |
| 10 | 29.8 | 30 | 0.2 |
| 12 | 30.4 | 30.6 | 0.2 |
| 14 | 31.8 | 32 | 0.2 |
| 16 | 32.4 | 32.6 | 0.2 |
| 18 | 32.8 | 33 | 0.2 |
| 20 | 33.4 | 33.6 | 0.2 |
| 22 | 34 | 34.1 | 0.1 |
| 24 | 34.5 | 34.6 | 0.1 |
| 26 | 34.9 | 35.1 | 0.2 |
| 28 | 35.5 | 35.6 | 0.1 |
| 30 | 35.9 | 36.1 | 0.2 |

**流量为 478m³/h 时进出口温差理论计算和数值模拟数据及误差分析表**　　表 4-4

| 进口水温度(℃) | 进出口温差(℃) | | 误差分析(%) |
| --- | --- | --- | --- |
| | 理论计算 | 数值模拟 | |
| 10 | 19.6 | 20 | 0.4 |
| 12 | 19.3 | 19.6 | 0.3 |
| 14 | 17.6 | 18 | 0.4 |
| 16 | 16.4 | 16.6 | 0.3 |
| 18 | 14.6 | 15 | 0.4 |
| 20 | 13.3 | 13.6 | 0.3 |
| 22 | 11.7 | 12.1 | 0.4 |
| 24 | 10.2 | 10.6 | 0.4 |
| 26 | 8.7 | 9.1 | 0.4 |
| 28 | 7.3 | 7.6 | 0.3 |
| 30 | 5.8 | 6.1 | 0.3 |

**流量为 478m³/h 时传热量理论计算和数值模拟数据及误差分析表**　　表 4-5

| 进口水温度(℃) | 传热量(kW) | | 误差率(%) |
| --- | --- | --- | --- |
| | 理论计算 | 数值模拟 | |
| 10 | 11015 | 11118.28 | 0.92 |
| 12 | 10793 | 10895.91 | 0.94 |
| 14 | 9998 | 10006.45 | 0.08 |
| 16 | 9218 | 9228.172 | 0.11 |
| 18 | 8328 | 8338.71 | 0.12 |
| 20 | 7555 | 7560.43 | 0.07 |
| 22 | 6722 | 6726.559 | 0.06 |
| 24 | 5587 | 5892.688 | 0.09 |
| 26 | 5053 | 5058.817 | 0.11 |
| 28 | 4222 | 4224.946 | 0.06 |
| 30 | 3381 | 3391.075 | 0.29 |

为了研究一定恒定流量下不同进口水温度时的出口水温度、进出口水温差、传递的热量的变化规律和趋势，我们绘制的在 478m³/h 流量时，进口水温度与出口水温度、出口水温度和进出口温差、传递的热量的关系曲线，分别见图 4-20～图 4-22，并将理论计算结果和数值模拟结果进行对比。

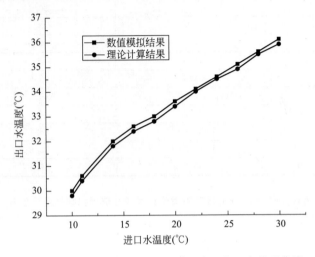

图 4-20　流量为 478m³/h 时的进、出口水温度关系曲线

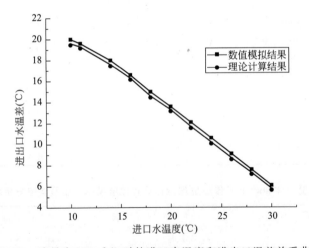

图 4-21　流量为 478m³/h 时的进口水温度和进出口温差关系曲线

从图 4-20～图 4-22，可以看出，在一定流量下，出口水温度随着进口水温度的升高而升高，但升高的速度在不断减慢。通过分析得出以下规律：

（1）在系统在封闭循环，没有补给水源，回灌回来的冷水完全由岩壁加热情况下，围岩和巷道奥陶水之间传热符合稳态导热规律。

（2）在一定流量下，出口水温度随着进口水温度的升高而升高，但升高的速度在不断减慢，即进出口水温差越来越小，围岩传递给巷道奥陶水的热量也越来越少。

（3）在一定回灌水温度下，不同流量时，出口水温度，进出口水温差，传热量不同。其规律：随着流量的增加，出口水温度降低，进出口水温差降低。

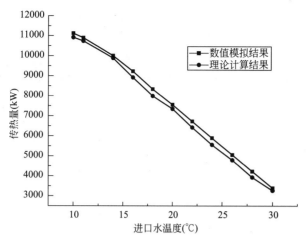

图 4-22 流量为 478m³/h 时进口水温度和传热量关系曲线

（4）围岩与奥陶水之间的热量传递过程，是一个温度渐变的过程，累积到一定量就会有可用温差。

建议：综合考虑多孔介质中热量传递影响因素及上述分析的热源特点，系统提热梯度，建议用进水温度 16℃，出水温度 32℃ 作为工程设计的参数，这样可以有两个 8℃ 温差的循环。

## 4.8　本章小结

本章在假定系统封闭循环，没有补给水源，回灌回来的冷水完全由岩壁加热情况下，采用计算流体力学软件 FLUENT 数值分析的方法，建立数值模型，对不同模拟工况奥陶水与围岩之间传热过程进行分析，找出了巷道内奥陶水温度场变化规律，确定了奥陶水的供热能力。

# 第5章 三河尖矿热/冷负荷计算

本章首先介绍了供暖负荷计算的基本理论和计算方法，并根据三河尖矿提供的气象条件，确定了采暖季节的室内、外设计温度；然后，针对三河尖矿建筑物结构特点，充分考虑建筑围护结构的传热耗热量，冷风渗透耗热量，冷风侵入耗热量以及太阳辐射等因素，并根据三河尖矿提供的资料，确定了建筑物供暖热负荷；其次，根据井下负荷正算与反算法，确定了井下降温冷负荷。

## 5.1 供暖负荷计算的基本理论

供暖系统的热负荷是指在供暖季节，某一室外温度下，为了达到所要求的室内温度，供暖系统在单位时间内向采暖房间供应的热量。它随着房间得失热量的变化而变化。

供暖系统的设计热负荷是指在设计室外温度 $t'_w$ 下，为了保证所要求的室内设计温度 $t'_n$，供暖系统在单位时间内向建筑物供给的热量 $Q$。是系统散热设备计算、管道水力计算和系统设备选择计算的最基本依据，它直接影响供暖系统的方案选择，进而影响系统的工程造价、运行费用以及使用效果，是供暖系统设计的最基本依据。

供暖系统设计热负荷根据房间得、失热量的平衡进行计算，即：房间设计热负荷等于房间的总得热量减去房间的总失热量[81]。

房间失热量包括：

(1) 建筑围护结构的传热耗热量 $Q_1$；

(2) 冷风渗透耗热量 $Q_2$：加热由门、窗缝隙渗入室内的冷空气的耗热量；

(3) 冷风侵入耗热量 $Q_3$：加热由门、孔洞及相邻房间侵入的冷空气的耗热量；

(4) 加热由外部运入的冷物料和运输工具的耗热量 $Q_4$；

(5) 水分蒸发的耗热量 $Q_5$；

(6) 通风耗热量 $Q_6$：通风系统将空气从室内排到室外所带走的热量；

(7) 通过其他途径的耗热量 $Q_7$。

房间得热量包括：

(1) 生产车间最小负荷班的工艺设备散热量 $Q_8$；

(2) 太阳辐射进入室内的热量 $Q_9$；

(3) 非供暖系统的热管道及其他热表面的散热量热量 $Q_{10}$；

(4) 热物料的散热量热量 $Q_{11}$；

(5) 通过其他途径的得热量 $Q_{12}$。

在工程设计中，对一般民用建筑及产生热量较少的工业建筑，供暖系统热负荷计算通常仅考虑建筑围护结构耗热量 $Q_1$，冷风渗透耗热量 $Q_2$，冷风侵入耗热量 $Q_3$ 和太阳辐射得热量 $Q_9$，其他项可以忽略不计。而 $Q_9$ 一般对 $Q_1$ 按一定比例修正，并将其并入 $Q_1$ 中，因此，供暖系统热负荷计算可简化为：

$$Q = Q_1 + Q_2 + Q_3 \qquad (5\text{-}1)$$

供暖系统设计热负荷计算公式为：

$$Q' = Q_1' + Q_2' + Q_3' \qquad (5\text{-}2)$$

带"'"的符号为设计工况下的参数。

## 5.1.1 围护结构的传热耗热量

围护结构的传热耗热量是指当室内温度高于室外温度时，通过房间的窗、门、墙、地面、屋顶等由室内向室外传递的热量。通常分两部分计算，即围护结构的基本耗热量和附加（修正）耗热量。

**1. 围护结构的基本耗热量**

围护结构的基本耗热量是指在设计的室内、外温度条件下通过房间各围护结构稳定传热量的总和。

由于室外空气温度随季节和昼夜变化不断变化，室内散热设备散热也不稳定，实际上围护结构传热是个不稳定的传热过程，其计算非常复杂[82]。在工程设计时，为了简化计算，假定在设计时间内，室内外空气温度和其他传热过程参数都不随时间变化，如图 5-1 所示。在稳定传热条件下，围护结构的基本耗热量计算公式为：

$$q' = KF(t_n' - t_w')\alpha \qquad (5\text{-}3)$$

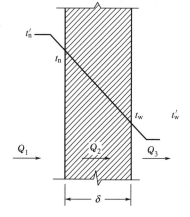

图 5-1　维护结构的传热过程

式中　$K$——围护结构的传热系数，$W/(m^2 \cdot ℃)$；

　　　$F$——围护结构的面积，$m^2$；

　　　$t_n'$——冬季室内计算温度，℃；

　　　$t_w'$——供暖室外计算温度，℃；

　　　$\alpha$——围护结构的温差修正系数。

将房间的围护结构按照室内外温差、朝向、材料和结构类型不同，划分成不同的部分，整个房间的基本耗热量等于各部分围护结构的基本耗热量总和。

（1）室内计算温度的确定

室内计算温度是指距地面 2m 以内人们活动地区的平均空气温度。室内空气温度的选择应根据建筑物的用途并考虑人们生活和生产工艺的要求来确定。

国内有关部门的研究结果认为，当人体衣着适宜，保暖充分且处于安静状态时，室内温度 15℃时是产生明显冷感觉的温度界限，18℃时无冷感，20℃比较舒适。

许多国家所规定的冬季室内温度标准为 16～22℃。我国《工业建筑供暖通风与空气调节设计规范》（GB 50019—2015）规定不同用途的建筑物冬季室内计算温度不应低于表 5-1 所列温度。

**不同用途冬季室内计算温度**　　　　　　　　表 5-1

| 建筑物 | 温度(℃) | 建筑物 | | 温度(℃) |
|---|---|---|---|---|
| 民用建筑的主房 | 16～20 | 食堂 | | 14 |
| 办公室、休息室 | 16～18 | 盥洗室、厕所 | | 12 |
| 浴室 | 25 | 生产厂房的工作地点 | 轻作业 | 15 |
| 更衣室 | 23 | | 中作业 | 10 |
| 托儿所、幼儿园、医务室 | 20 | | 重作业 | 7 |

注：1. 轻作业指能量消耗在 140W 以下的工种，如印刷、机械加工、仪表等工种；中作业指能量消耗在 140～
220W 的工种，如焊工、钣金工、木工等工种；重作业指能量消耗在 220～290W 的工种，如大型包装、人
力运输等工种。

2. 当每名工人占用较大面积（50～100m²）时，轻工业可低至 10℃；中作业可低至 7℃，重作业可低至 5℃。

对于空间高度超过 4m 的厂房，由于对流作用使热空气上升，房间上部空气温度较高，上部围护结构的散热量增加。因此，室内温度计算时规定：计算地面传热量时，采用工作地点温度；计算屋顶、天窗传热量时，采用屋顶下的温度；计算墙、门和窗传热量时，采用室内的平均温度。

对于散热量小于 23W/m³ 的工业建筑，当其温度梯度值不能确定时，可用工作地点的温度计算围护结构耗热量，但应按后面讲述的高度附加的方法进行修正，增大计算耗热量。

（2）供暖室外计算温度的确定

采暖室外计算温度的确定对采暖系统设计有关键性的影响。如取值过低，设计设备能力富裕过多，很不经济；如取值过高，则不能保证采暖效果。因此，合理选用供暖室外计算温度是技术与经济统一的问题。

目前国内确定采暖室外计算温度的方法可以归纳为如下两种：

1）根据围护结构的热惰性原理确定

苏联建筑法规规定按考虑围护结构热惰性原理来确定采暖室外计算温度。采暖室外计算温度按 50 年中最冷的 8 个冬季里最冷的连续 5 天的日平均温度的平均值确定。通过围护结构热惰性原理分析得出：采用 2 砖实心墙时，即使昼夜间室外温度波幅为 ±18℃，外墙内表面的温度波幅也不会超过 ±1℃，人的舒适感不受影响。由此确定采暖室外计算温度值偏低。

2）根据不保证天数的原则来确定

人为允许有几天时间可以低于规定的采暖室外计算温度，即容许这几天室内实际温度可能稍低于室内计算温度。不保证天数各国规定有所不同，一般规定 1 天、3 天、5 天等。

根据我国的国情和气候特点以及建筑物的热工情况等，《工业建筑供暖通风与空气调节设计规范》（GB 50019—2015）规定："采暖室外计算温度，应采用历年平均不保证 5 天的日平均温度。"对大多数城市来说，是指 1951～1980 年的 30 年气象统计资料中，不得多于 150 天的实际日平均温度低于所选定的室外计算温度。如北京市 1951～1980 年室外日平均温度低于或等于 -9.1℃共 134 天，日平均温度低于或等于 -8.1℃共 233 天。因此确定北京市的采暖室外计算温度为 -9℃。

（3）温差修正系数

采暖房间的围护结构的外侧有时并不直接与室外空气接触，中间隔着不采暖的房间或空间（如地下室），在工程设计时，考虑此情况影响引入温差修正系数 $\alpha$，$\alpha$ 取值大小取决于非供暖房间或空间的保温性和透气性，保温性越差，$\alpha$ 越接近 1，不同条件下围护结构的温差修正系数见表 5-2。

温差修正系数 $\alpha$                                                                                表 5-2

| 围护结构特征 | $\alpha$ |
|---|---|
| 外墙、屋顶、地面以及与室外相通的楼板等 | 1.00 |
| 闷顶和与室外空气相通的非采暖地下室上面的楼板等 | 0.90 |
| 非采暖地下室上面的楼板，外墙上有窗时 | 0.75 |
| 与有外门窗的不采暖房间相邻的隔墙 | 0.70 |
| 与无外门窗的不采暖房间相邻的隔墙 | 0.40 |
| 与有外门窗的不采暖楼梯间相邻的隔墙（1～6 层建筑） | 0.60 |
| 与有外门窗的不采暖楼梯间相邻的隔墙（7～30 层建筑） | 0.50 |
| 非采暖地下室上面的楼板，外墙上无窗且位于室外地坪以下时 | 0.40 |
| 非采暖地下室上面的楼板，外墙上无窗且位于室外地坪以上时 | 0.60 |
| 防震缝墙 | 0.70 |
| 伸缩缝墙、沉降缝墙 | 0.30 |

（4）围护结构的传热系数

1）匀质多层材料的传热系数：

一般建筑物的外墙和屋顶都属于匀质多层材料的平壁结构，其传热系数计算公式如下：

$$K = \frac{1}{R_0} = \frac{1}{R_n + \sum_{i=1}^{n} R_i + R_w} = \frac{1}{\dfrac{1}{\alpha_n} + \sum_{i=1}^{n} \dfrac{\delta_i}{\lambda_i} + \dfrac{1}{\alpha_w}} \tag{5-4}$$

式中　$K$——围护结构的传热系数，$W/(m^2 \cdot \text{℃})$；

　　　$R_0$——围护结构的传热阻，$(m^2 \cdot \text{℃})/W$；

$R_n$、$R_w$——围护结构内、外表面的换热阻，$(m^2 \cdot \text{℃})/W$；

　　　$R_i$——围护结构本体热阻，$(m^2 \cdot \text{℃})/W$；

$\alpha_n$、$\alpha_w$——围护结构内、外表面的换热系数，$W/(m^2 \cdot \text{℃})$；

　　　$\delta_i$——围护结构各层材料的厚度，$m$；

　　　$\lambda_i$——围护结构各层材料的导热系数，$W/(m^2 \cdot \text{℃})$。

工程上常用的换热系数及换热阻值见表 5-3 和表 5-4。

围护结构内表面换热系数 $\alpha_n$ 与换热阻 $R_w$                                  表 5-3

| 围护结构内表面特征 | $\alpha_n W/(m^2 \cdot \text{℃})$ | $R_w(m^2 \cdot \text{℃})/W$ |
|---|---|---|
| 墙、地面表面平整或有肋状凸出物的顶棚，当 $h/s \leqslant 0.3$ 时 | 8.7 | 0.115 |
| 有肋状凸出物的顶棚当 $h/s > 0.3$ 时 | 7.6 | 0.132 |

注：表中 $h$ 为肋高（m）；$s$ 为肋间净距（m）。

**围护结构外表面换热系数 $\alpha_w$ 与换热阻 $R_w$**　　　　　　　表 5-4

| 围护结构外表面特征 | $\alpha_w$ W/($m^2 \cdot ℃$) | $R_w$($m^2 \cdot ℃$)/W |
|---|---|---|
| 外墙、屋顶 | 23 | 0.043 |
| 外墙上无窗的非采暖地下室上面的楼板 | 6 | 0.17 |
| 闷顶和外墙上有窗的非采暖地下室上面的楼板 | 12 | 0.08 |
| 与室外空气相通的非采暖地下室上面的楼板 | 17 | 0.06 |

2）两向非匀质材料围护结构的传热系数

空心砌块或填充保温材料的墙体属于两向非匀质材料，两维传热过程，其传热系数会比实心墙体低，一般采用近似计算方法或实验数据确定，中国建筑科学研究院建筑物理所推荐的计算公式如下：

$$R_{pj} = \left[ \left( \frac{F}{\sum\limits_{i=1}^{} \dfrac{F_i}{R_i}} \right) - (R_n + R_w) \right] \cdot \varphi \tag{5-5}$$

式中　　$R_{pj}$——平均传热阻，($m^2 \cdot ℃$)/W；

　　　　$F$——垂直热流方向的总传热面积，$m^2$；

　　　　$F_i$——按平行热流方向划分的各个传热面积，$m^2$；

　　　　$R_i$——对应于传热面积 $F_i$ 上的总热阻，($m^2 \cdot ℃$)/W；

$R_n$、$R_w$——围护结构内表面、外表面换热热阻，($m^2 \cdot ℃$)/W；

　　　　$\varphi$——平均传热阻修正系数，其取值与围护结构材料层数及各层材料的导热系数有关。

两向非匀质材料围护结构传热系数计算公式：

$$K = \frac{1}{R} = \frac{1}{R_n + R_{pj} + R_w} \tag{5-6}$$

3）封闭空气间层的传热系数

封闭间层中空气的传热是辐射与对流换热的综合过程，传热系数比围护结构其他材料的传热系数小，理论计算比较难，在工程设计中一般取经验值。

4）地面的传热系数

室内热量向室外传递，通过靠近外墙的地面时路程较短，热阻较小；而通过远离外墙的地面时路程较长，热阻较大。因此，室内地面的传热系数随距离外墙的远近而变化，但在离外墙约 8m 远处的地面，传热量基本不变。因此，在工程上一般近似地把地面沿外墙平行的方向每隔 2m 划分成一个计算地带，共四个，靠近外墙的为第一地带，最里面的为第四地带。非保温地面第一至第四地带的传热系数依次为：2.15、4.3、8.6、14.2，热阻依次为：0.47、0.23、0.12、0.07。

**2. 围护结构的附加（修正）耗热量**

围护结构的附加（修正）耗热量是指考虑气象条件和建筑物结构特点的影响，对基本耗热量的修正，包括朝向修正、风力附加和高度附加三部分耗热量。

（1）朝向修正耗热量

考虑建筑物受太阳照射影响对围护结构基本耗热量的修正称为朝向修正耗热量。按围护结构的不同朝向，采用不同的修正率。需要修正的耗热量等于垂直的外围护结构（门、窗、外墙及屋顶的垂直部分）的基本耗热量乘以相应的朝向修正率，如图 5-2 所示。

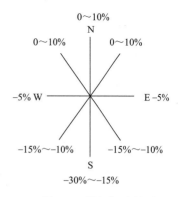

图 5-2 朝向修正率

（2）风力附加耗热量

考虑室外风速变化而对围护结构基本耗热量的修正称为风力附加耗热量。计算基本耗热量时，围护结构外表面换热系数是对应风速约为 4m/s 的计算数值。我国大部分地区冬季平均风速 2~3m/s，因此，一般不考虑风力附加，只对建在不避风的河边、海岸、高地、旷野上的建筑物以及城镇、厂区内特别高的建筑物才考虑垂直的外围护结构附加 5%~10%。

（3）高度附加耗热量

考虑房屋高度对围护结构耗热量的影响而附加的耗热量，称为高度附加耗热量。

民用建筑和工业附属建筑物（除楼梯间）的高度附加率，当房间高度大于 4m 时，每增高 1m 附加 2%，总的附加率应不超过 15%。

## 5.1.2 冷风渗透和冷风侵入耗热量

### 1. 冷风渗透耗热量

冷空气从室外温度加热到室内温度所消耗的热量，称为冷风渗透耗热量。常用的计算方法有缝隙法、换气次数法和百分数法。

（1）缝隙法

缝隙法是计算不同朝向门窗缝隙长度及每米缝隙渗入的冷空气量，并确定其耗热量的方法。加热由门窗缝隙渗入到室内的冷空气的耗热量：

$$Q_2 = 0.28 C_p \rho_w V (t_n - t_w) \tag{5-7}$$

式中　$Q_2$——由门窗缝隙渗入室内的冷空气的耗热量，W；

　　　$C_p$——空气的比定压热容，$C_p = 1 kJ/(kg \cdot ℃)$；

　　　$\rho_w$——采暖室外计算温度下的空气密度，$kg/m$；

　　　$V$——渗透冷空气量，$m/h$；

　　　$t_n$——采暖室内计算温度，℃；

　　　$t_w$——采暖室外计算温度，℃。

多层建筑冷空气量 $V$ 近似计算公式如下：

$$V = L_0 \cdot l \cdot m^b \tag{5-8}$$

式中　$V$——冷空气量，$m^3$；

　　　$L_0$——不同类型门窗、不同风速下每米缝隙渗入的空气量，$m^3/(m \cdot h)$，可根据当地冬季室外平均风速确定；

　　　$l$——门、窗缝隙的计算长度，m；

　　　$b$——门、窗缝隙渗风指数，$b = 0.56~0.78$；

　　　$m$——冷风渗透压差综合修正系数。

（2）换气次数法

多层民用建筑渗透冷空气量，计算公式：

$$V = kV_f \qquad (5-9)$$

式中   $V_f$——房间体积，$m^3$；

      $k$——换气次数，次/h。其取值为：一面有外窗的房间 0.5，两面有外窗的房间 0.5～1.0，三面有外窗的房间 1.0～1.5，门厅 2。

**2. 冷风侵入耗热量**

冬季外门开启时，会有大量的冷空气进入室内，把这部分空气加热到室内温度所消耗的热量，称为外门冷风侵入耗热量。

冷风侵入耗热量=外门基本耗热量×外门附加率

外门附加率取值：一道门 $65n\%$；二道门（有门斗）$80n\%$；三道门（有两个门斗）$60n\%$；$n$ 为门所在楼层数。

# 5.2 三河尖矿区井上供暖热负荷计算

## 5.2.1 气象条件

三河尖矿区属南温带黄淮区，气象具有长江流域与黄河流域的过渡性质，接近北方气候的特点，四季分明，冬季寒冷干燥，夏季炎热多雨。春秋常有干旱及寒潮、霜冻等自然灾害。

年平均温度：14.2℃；

冬季采暖室外计算温度：−5℃；

冬季空调室外计算温度：−8℃；

极端最低温度：−22.6℃；

极端最低温度平均值：−11.7℃；

最大冻土深度：24m；

极端最高温度：40.6℃；

极端最高温度平均值：37.8℃；

夏季空调室外计算温度：34.8℃。

## 5.2.2 供暖热负荷计算

根据三河尖煤矿提供的数据资料，并综合考虑当地的气象条件，建筑结构的特点，围护结构的传热耗热量，冷风渗透耗热量，冷风侵入耗热量及太阳辐射等因素，确定三河尖矿区各部分建筑物的供暖负荷，进而计算出矿区总供热负荷。

该工程为已有建筑物供暖改造，故其供暖负荷可采用当地条件及经验估算如下：

**1. 工业广场供暖负荷**

三河尖煤矿矿区工业广场建筑面积为 10.4 万 $m^2$。供热指标为 $100W/m^2$。

热负荷：$Q = 10.4 \times 100 = 10.4MW$

**2. 工人新村供暖负荷**

供暖面积 10.7 万 m² 属于综合居住区，供暖热指标计算值为 55W/m²

热负荷：$Q = 10.7 \times 55 = 5885$kW

**3. 洗浴供热负荷**

矿区提供的公共浴室日均洗澡人员总数为 2900 人/日，其中工业广场 2700 人/日，工人新村 200 人/日，按每人每日洗澡用水量 100 kg/日计算，自来水补水温度取 10℃。热水计算公式：

$$Q = K_n \frac{mq_r C_B}{T}(t_r - t_1) \tag{5-10}$$

式中  $Q$——设计小时耗热量，kJ/h；

$C_B$——水的比热，取 4.18kJ/(kg·℃)；

$t_r$——热水温度，取 45℃；

$t_1$——自来水补水温度，取 10℃；

$q_r$——热水用水定额，取 100L/人次；

$m$——用水计算人数，取 2900 人次/日；

$T$——一天内热水供应时间，取 24h；

$K_n$——热水小时变化系数，取 2.68。

经计算，淋浴热水热负荷为 1316kW。

**4. 主副井井筒防冻热负荷**

（1）冬季进风井风量

副井供风量 11000m³/min，主井供风量：1300m³/min。

（2）温度

矿区冬季室外最低日空气温度为 −11.7℃。空气经加热后向井内送入，确保井口温度大于 4℃。

（3）井口防冻热负荷

计算公式：

$$Q = MC\Delta t$$

式中  $M$——进风井风量，kg/s；

$C$——空气定压比热 kJ/(kg·℃)，取 1.005kJ/(kg·℃)；

$\Delta t$——空气加热后的温升。

取空气密度为 1.2kg/m³，经计算，主井热负荷：3471kW，副井热负荷：410kW，主、副井总热负荷为 3881kW。负荷计算结果见表 5-5。

负荷汇总表　　　　　　　　　　　表 5-5

| 供暖分区 | 建筑面积（m²） | | | | 供热指标（w/m²） | | 负荷（kW） | 小计 |
|---|---|---|---|---|---|---|---|---|
| 工业广场 | 104000 | | | | 100 | | 10400 | 16285 |
| 工人新村 | 107000 | | | | 55 | | 5885 | |
| 洗浴 | 热水温度 | 自来水供水温度 | 用水额定（m³/人） | 用水人数 | 一天内热水供应时间 | 热水小时变化系数 | | |
| | 45 | 10 | 0.1 | 2900 | 24 | 2.68 | 1316 | 1316 |

续表

| 供暖分区 | | 建筑面积(m²) | | 供热指标(w/ m²) | 负荷(kW) | 小计 |
|---|---|---|---|---|---|---|
| | | 通风风量(m³/min) | 最低保障温度(℃) | 进风温度(℃) | | |
| 井口供风 | 主井 | 11000 | 4 | −11.7 | 3471 | 3881 |
| | 副井 | 1300 | 4 | −11.7 | 410 | |
| 合计 | | | | | | 21482 |

## 5.3　深井工作面热荷载及系统冷负荷计算

矿井中存在着复杂的热交换、扩散和热动力过程，使风流参数发生着复杂的变化。岩体中的温度场也在不断地变化着，也就是说，井下的热交换过程带有不稳定的特征。因而井下空气参数计算最可靠的关系式只有在解不稳定热交换微分方程的基础上方可获得。

目前，矿井热荷载算法有两种，一种是对井下各种热源分别计算并进行汇总的直接算法，即正算法；另一种是苏联学者舍尔巴尼为简化热量计算而提出的半解析算法，即将井下热荷载分为围岩散热和除围岩散热外的其他热源散热两部分进行计算。应用表明，以上两种算法均存在不确定参数多、计算结果不精确及实用性差的问题。针对以上情况，结合三河尖煤矿深井降温工作面热荷载计算，何满潮教授提出了通过工作面实测温度进行热荷载反分析的新算法，即反分析法（公式推导过程详见朱艳艳的硕士学位论文）。进行工作面热荷载计算，建立了一套完整的计算模式，通过与正算法计算结果的比较，计算结果可靠，算法简捷实用。将所求得的热荷载值乘以系统运行系数后，就可求出循环系统冷负荷。

### 5.3.1　深井降温冷负荷计算

应用正算法进行井下冷负荷计算，然后再用反算法进行校核。

首先分析工作面的各种热源分析，分别计算各热源所释放的热量，然后进行汇总，其计算公式：

$$Q_{热} = \sum_{i=1}^{n} Q_i \tag{5-11}$$

**1. 工作面热荷载计算**

（1）围岩散热计算

岩层向空气的散热量不仅与岩石温度有关，而且与空气的流动状态、巷道特征有关，围岩散热量计算公式见下式：

$$Q_n = q_n UL \ (t_n - t_f) \tag{5-12}$$

式中　$Q_n$——围岩散热量，kW；

$q_n$——岩石的单位散热量，$q_n = 4.7 \sim 5.2$ W/(m²·℃)；

$U$——巷道横截面周长，14m；

$L$——巷道长度，200m；

$t_n$——该深度围岩原始温度，40℃；

$t_f$——巷道空气平均温度，34℃。

将以上数据代入式（5-12）得：

巷道围岩散热：676.86kW；

工作面围岩散热：357.70kW。

（2）氧化放热计算

矿石、煤炭或坑木都会产生氧化放热，致使工作面温度升高，采用下式计算：

$$Q_0 = q_0 v^{0.8} UL \tag{5-13}$$

式中　$Q_0$——围岩散热量，kW；

　　　$q_0$——巷道风速 $v=1m/s$ 时煤层单位放热量 $q_0=15.1\sim17.4W/m^2\cdot℃$；

　　　$v$——风速，8m/s。

同理算得：　　　　　　　　$Q_0 = 79.71kW$

（3）压缩放热计算

进入深部开采后，空气的自压缩放热是一个不可忽略的热源。若不考虑风流与围岩之间的热质交换，井筒每延深100m，风温增高约1℃，则压缩放热等于空气的势能降，即：

$$Q_z = Gg (z_2 - z_1) \tag{5-14}$$

式中　$Q_z$——压缩放热热量，kW；

　　　$G$——风流质量流量，23.65 kg/s；

　　　$g$——重力加速度，9.8 m/s²；

　　　$z_1$、$z_2$——风流从1点到2点的位置坐标，m。

经计算：　　　　　　　　　$Q_z = 282.24kW$。

（4）机电设备放热计算

机械动力做功一部分用于克服重力提高物体的位能，一部分用于克服摩擦阻力，最终转化为热能，使得空气温度升高。机电设备放热可按下式计算：

$$Q_e = (1-\eta) NK \tag{5-15}$$

式中　$Q_e$——机电设备放热热量，kW；

　　　$\eta$——机电设备效率，80%；

　　　$N$——机电设备的功率，1355kW；

　　　$K$——机电设备的时间利用系数，1.0。

经计算，机电设备放热为：$Q_e = 233.5kW$。

（5）采落矿岩的冷却散热量计算

采落矿岩的散热包括采落矿岩在工作面的散热和采落矿岩在运输过程中继续散热的热量，都会使工作面空气温度升高，所以有下式：

$$Q_{ox} = Q_1 + Q_2 \tag{5-16}$$

式中　$Q_{ox}$——采落矿岩的冷却散热量，kW；

　　　$Q_1$——采落矿岩在工作面的散热量，kW；

　　　$Q_2$——采落矿岩在运输过程中继续散热量，kW。

$$Q_1 = 37.2T \tag{5-17}$$

　　　$T$——工作面昼夜采煤量，2500t/d。

$$Q_2 = \alpha_{ox} \Delta t F \tag{5-18}$$

$\alpha_{ox}$——煤岩表面对空气的散热系数，38.4W/(m² · ℃)；

$\Delta t$——煤岩与空气的温差，8℃；

$F$——煤岩与风流的接触面积，720m²。

根据式 5-16～式 5-18，算得：$Q_{ox}=133.92$kW。

（6）人体散热量计算

人体产生的热量随完成的工作量及劳动强度而变化，采用经验公式进行计算。

$$Q_r=512n \tag{5-19}$$

式中 $Q_r$——工作面人体散热总量，kW；

$n$——作业人数，取 $n=15$；

同样算得：$Q_r=7.1$kW。

综合上述荷载得工作面冷负荷总计为 1771.03kW。

**2. 掘进头冷负荷计算**

工作面空气温度在 36～37℃，与空气进风混合温度在 32℃左右，相对湿度 95%，工作环境降到 28℃，相对湿度 90%，风量按 720.6m³/min，查焓湿图得 $i_{进}=106.61$kJ/kg，$i_{出}=75.04$kJ/kg，

$$Q=G（i_{进}-i_{出}）=\frac{720.6\times1.2}{60}\times(106.61-75.04)=454.608\text{kW}$$

热量统计：$Q_{热}=5110.472$ kW。

## 5.3.2 反分析法计算冷负荷

反分析法是指根据工作面角点温度（工作面始端和末端温度），计算工作面在该温度范围内的热荷载。如图 5-3 所示，工作面上下平巷分别为进风及回风巷道。

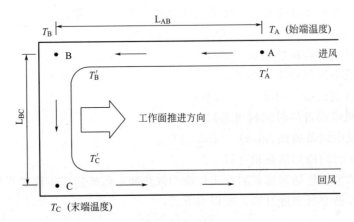

图 5-3 反分析法计算工作面热荷载示意图

**1. 风流温度温升率计算**

工作面降温前各点温度是已知的（实测值），首先根据已知温度算出工作面巷道中风流温度的每千米温升率 $\Delta T$，即

$$\Delta T_{AB}=\frac{T_B-T_A}{L_{AB}}\cdot1000 \tag{5-20}$$

$$\Delta T_{BC} = \frac{T_C - T_B}{L_{BC}} \cdot 1000 \qquad (5\text{-}21)$$

式中　$\Delta T_{AB}$——上平巷风流温升率，℃/km；

$\quad\quad\ \Delta T_{BC}$——工作面风流温升率，℃/km；

$\quad\quad\ T_A$——降温前巷道进风温度，℃；

$\quad\quad\ T_B$——降温前工作面上角点温度，℃；

$\quad\quad\ T_C$——降温前工作面下角点温度，℃；

$\quad\quad\ L_{AB}$——控制点 A、B 间距离，m；

$\quad\quad\ L_{BC}$——控制点 B、C 间距离，m。

**2. 工作面供风温度计算**

根据温升率及工作面末端降温控制目标温度 $T'_C$（已知），逐步算出所要求的工作面始端温度（即供风温度）$T'_A$，即：

$$T'_B = T'_C - \Delta T_{BC} \cdot \frac{L_{BC}}{1000} \qquad (5\text{-}22)$$

$$T'_A = T'_B - \Delta T_{AB} \cdot \frac{L_{AB}}{1000} \qquad (5\text{-}23)$$

综合以上两式，即得：

$$T'_A = T'_C - \Delta T_{BC} \cdot \frac{L_{BC}}{1000} - \Delta T_{AB} \cdot \frac{L_{AB}}{1000} \qquad (5\text{-}24)$$

式中　$T'_A$——供冷风温度（降温系统出风温度），℃；

$\quad\quad\ T'_B$——降温后工作面上角点温度，℃；

$\quad\quad\ T'_C$——降温后工作面下角点温度，℃。

**3. 温升率的修正**

由于预先实测的工作面及巷道温度要比降温后的空气温度高，因此围岩与空气的热交换系数及散热量不同，随着温差的增大，围岩对空气的散热量也将随之变大，因此对温升率进行修正。

（1）工作面冷负荷计算

温升率修正系数取 1.5，工作面末端温度为 26℃，则进口处温度为 17℃，制冷系统进口风温 32℃，相对湿度 90%，查焓湿图得：

得：$i_{进} = 102.53$ kJ/kg，$i_{出} = 45.3$ kJ/kg

$$Q = G(i_{进} - i_{出}) = \frac{1438.2 \times 1.2}{60} \times (102.53 - 45.3) = 1646.16 \text{kW}。$$

（2）掘进头冷负荷计算

工作面空气温度在 36～37℃，与空气进风混合温度在 32℃左右，相对湿度 95%，将工作面环境温度降到 28℃，相对湿度降到 90%，风量 720.6 m³/min，查焓湿图得 $i_{进} = 106.61$ kJ/kg，$i_{出} = 75.04$ kJ/kg，

$$Q = G(i_{进} - i_{出}) = \frac{720.6 \times 1.2}{60} \times (106.61 - 75.04) = 454.608 \text{kW}$$

以上结果表明，通过半解析反推法计算的工作面及巷道进出口水温度，迭代到各项散热源计算法中得出的总的散热量与假设的初始温度得出的总的散热量比较，变化不大，误

差在 5% 左右，比假设的温度要高些，根据半解析反推法计算结果，列表可以看出，工作面末端出口水温度控制在 26℃ 以内，工作面温升率基本在 3℃/hm（1hm＝100m），大于 28℃ 时温升率为 2.5℃/hm，比预先假设的 2℃/hm 要大些，因此对温升率进行修正，比值大部分在 1.2～1.5 之间，考虑一定的误差范围和特殊情况，建议温升率修正系数的取值范围应该在 1.1～1.8 之间。

### 5.3.3  循环生产系统冷负荷计算

**1. 工作面冷负荷计算**

温升率修正系数取 1.5，工作面末端温度为 26℃，则进口处温度为 17℃，制冷系统进口风温 32℃，相对湿度 90%，查焓湿图得：

$$i_{进}=102.53kJ/kg, \ i_{出}=45.3kJ/kg;$$

$$Q=G(i_{进}-i_{出})=\frac{1438.2\times1.2}{60}\times(102.53-45.3)=1646.16kW。$$

**2. 掘进头冷负荷计算**

工作面空气温度在 36～37℃，与空气进风混合温度在 32℃ 左右，相对湿度 95%，工作环境降到 28℃，相对湿度 90%，72201 轨道巷掘进的局扇全负压供风量为 720.6m³/min，查焓湿图得

$$i_{进}=106.61kJ/kg, \ i_{出}=75.04kJ/kg;$$

$$Q=G(i_{进}-i_{出})=\frac{720.6\times1.2}{60}\times(106.61-75.04)=454.608kW。$$

**3. 总冷负荷**

综合以上两个工作面和四个掘进端头共计冷负荷 5000kW。

## 5.4  本章小结

本章以供暖负荷计算的基本理论和计算方法为基础，根据三河尖矿提供的气象条件，确定了采暖季节的室内、外设计温度；针对三河尖矿建筑物结构特点，综合考虑井上建筑围护结构的传热耗热量，冷风渗透耗热量，冷风侵入耗热量以及太阳辐射等因素，并根据三河尖矿提供的资料，确定了建筑物供暖热负荷；根据井下负荷正算与反算法，确定了井下降温冷负荷，为工程设计提供了重要的设计参数。

# 第6章 三河尖矿深井高温热害
## 资源化利用工程设计

本章首先对三河尖矿深井高温热害的特点进行了分析，然后根据矿区井上建筑特点及井下高温矿井涌水等条件，进行了降温与供暖系统的水力计算，确定了网路循环水泵的流量和扬程及设备的选型，最后综合考虑井下降温冷负荷及井上供暖热负荷等因素，设计了以奥陶水、矿井涌水为联合热源的三河尖矿深井高温热害资源化利用井上井下联合利用的工艺。提出了利用奥陶水的热能，同时又用其产生的冷能进行夏季空调的方法及工艺技术。

## 6.1 三河尖矿深井高温热害的特点

### 6.1.1 热水水量

根据三河尖矿提供的资料，现有深井高温热能利用的热水水量如下：

（1）矿井涌水：－700m 水平：$100\sim120m^3/h$，$25\sim30℃$，有水仓；－860m 水平：$20m^3/h$；－980m 水平：目前 $20m^3/h$，$30℃$，预计以后可达 $90m^3/h$。

（2）奥陶涌水：奥陶系灰岩水在 21102 工作面突水动态补给量为 $1020m^3/h$，当时水温为 $50℃$，水压 7.6MPa，现在水观 1 孔奥灰水位为 $-71m$。

（3）第四系含水层：第一层：105m 厚，约 $60m^3/h$；第二层：$5\sim10m$ 厚，约 $100m^3/h$。

（4）工业用水和民用水：约 $260\sim300m^3/h$。

### 6.1.2 水质分析

三河尖煤矿提供的水质分析报告表（表 6-1）。

奥陶系灰岩水水质监测结果

表 6-1

| | 监测项目 | mg/L | mmol/L | mmol/L(%) | 监测项目 | mg/L(CaCO₃) |
|---|---|---|---|---|---|---|
| | $K^+$、$Na^+$ | 605.27 | 26.316 | 38.93 | 全硬度 | 2049.74 |
| | $Ca^{2+}$ | 619.24 | 30.900 | 45.71 | 永久硬度 | 1973.63 |
| 阳离子 | $Mg^{2+}$ | 122.27 | 10.062 | 14.88 | 暂时硬度 | 76.11 |
| | $Fe^{3+}$ | 0.06 | 0.003 | 0.01 | 负硬度 | 0.00 |
| | $Fe^{2+}$ | 0.02 | 0.001 | 0.00 | 总碱度 | 76.11 |
| | $NH_4^+$ | 5.74 | 0.318 | 0.47 | 监测项目 | |
| | 总计 | 1352.60 | 67.600 | 100.00 | | |

续表

| 监测项目 | | mg/L | mmol/L | mmol/L(%) | 监测项目 | mg/L(CaCO₃) |
|---|---|---|---|---|---|---|
| 阴离子 | Cl⁻ | 505.88 | 14.269 | 21.11 | PH | 7.64 |
| | SO₄²⁻ | 2488.12 | 51.803 | 76.63 | 监测项目 | mg/L |
| | HCO₃⁻ | 92.81 | 1.521 | 2.25 | 侵蚀性 $CO_2$ | — |
| | CO₃²⁻ | 0.00 | 0.000 | 0.00 | 可溶性固体 | 4602.00 |
| | NO₃⁻ | 0.40 | 0.006 | 0.01 | 游离 $CO_2$ | 5.14 |
| | NO₂⁻ | 0.05 | 0.001 | 0.00 | 可溶性 $S_iO_2$ | 6.00 |
| | 总计 | 3087.26 | 67.600 | 100.00 | 耗氧量(COD) | 6.61 |

HEMS-Ⅲ机组对水质的要求：矿化度＜3000mg/L，$Cl^-$＜100mg/L，$SO_4^{2-}$＜100mg/L，Fe 离子＜0.2mg/L，pH 值在 6.5～8.5 之间。三河尖煤矿的奥陶系灰岩水 $CL^-$ 是 505.88mg/L，超过要求指标；$SO_4^{2-}$ 是 2488.12mg/L，超过要求指标；Fe 离子是 0.08mg/L，满足要求指标；pH 值是 7.64，满足要求指标。

三河尖煤矿奥陶系灰岩水存在的主要问题就是 $Cl^-$ 和 $SO_4^{2-}$ 超标，对金属有腐蚀性，不满足机组对水质的要求，不可以直接进机组。

### 6.1.3　水质处理方法

采用专门针对腐蚀性大的奥陶系灰岩水研发的专有技术产品——三防换热器，使得奥陶系灰岩水可直接进此换热器，省掉水处理环节，在尽可能少地降低水体温度的前提下，有效地提取奥陶系灰岩水水体温度，提高热利用率。

## 6.2　水力计算

### 6.2.1　室内热水供暖系统的水力计算

采暖系统水力计算的目的是合理确定系统中各管段的管径，使管段流量和进入散热器的流量满足要求，然后确定各管路系统的阻力损失。根据流体力学理论，流体在管路中流动时，要克服流动阻力产生能量损失，能量损失包括沿程压力损失和局部压力损失。

沿程压力损失：流体沿管道流动时，由于管壁的粗糙度和流体黏滞性的共同影响，流体分子间及其与管壁的摩擦作用，在管段全长上产生的损失。

局部压力损失：流体通过局部构件（如弯头、三通、阀门等）时，由于流动方向或速度的改变，产生局部漩涡和撞击损失的能量。

**1. 沿程压力损失计算**

根据达西公式，沿程压力损失计算式如下：

$$P_y = \lambda \frac{1}{d} \frac{\rho v^2}{2}$$

(6-1)

单位长度的沿程压力损失（比摩阻）$R_d$（Pa/m），按下式计算：

$$R_d = \frac{P_y}{l} = \lambda \frac{1}{d} \frac{\rho v^2}{2} \tag{6-2}$$

式中   $P_y$——沿程压力损失，Pa；

      $\lambda$——摩擦阻力系数；

      $\rho$——流体的密度，kg/m²；

      $v$——流体的速度，m/s；

      $d$——管子的内径，m；

      $l$——管段的长度，m。

在实际工程设计中，流速可以用质量流量 $G_d$（kg/h）表示：

$$v = \frac{G_d}{900\pi d^2 \rho} \tag{6-3}$$

将式（6-3）代入式（6-2）并整理得：

$$R_d = 6.25 \times 10^{-8} \frac{\lambda G_d^2}{\rho d^2} \tag{6-4}$$

**2. 局部压力损失计算**

局部压力损失 $p_j$（Pa）计算公式如下：

$$P_j = \sum \zeta \frac{\rho v^2}{2} \tag{6-5}$$

式中   $\sum \zeta$——管段的总局部阻力系数。

$\frac{\rho v^2}{2}$ 是当 $\sum \zeta = 1$ 时的局部压力损失，又叫动压头 $VP_d$（Pa）。

**3. 总压力损失计算**

每个热水采暖系统都是由很多串联、并联的管段组成的，设计中将流量和管径均不改变的一段管路称为一个计算管段。各个管段的总压力损失 $V_p$（Pa）等于沿程压力损失与局部压力损失之和。

$$Vp = \sum (p_y + p_j) \tag{6-6}$$

另外，热水供暖系统室内水力计算还有当量阻力法，当量长度法等，限于篇幅，这里不再详细介绍。

## 6.2.2 室外热水供暖系统的水力计算

**1. 室外热水供热管网水力计算的主要任务是：**

（1）根据已知的热媒流量和压力损失，确定管道直径；

（2）根据已知的管道直径和允许的压力损失，校核计算管道中的流量；

（3）根据已知的热媒流量和管道直径，计算管道的压力损失；

（4）根据水力计算结果，确定网路循环水泵的流量和扬程。

根据室外管网的水力计算结果，沿线建筑物的分布和地形变化情况，绘制水压图；分析网路的热媒流量和压力分布情况，然后确定管网与用户的连接方式。

**2. 室外热水供热管网水力计算的基本原理**

管道的压力损失包括直管段的沿程损失和管道附件的局部损失。

供热系统中管段的能量损失为沿程损失和局部损失之和，即：

$$Vp = Vp_y + Vp_j \tag{6-7}$$

式中　$Vp$——计算管段的总阻力损失，Pa；

　　　$Vp_y$——计算管段的沿程阻力损失，Pa；

　　　$Vp_j$——计算管段的局部阻力损失，Pa。

（1）沿程损失的计算

计算每米管长的沿程压力损失（比摩阻）$R_d$、水的流量 $G_d$ 和管径的关系式为：

$$R_d = 6.25 \times 10^{-2} \frac{\lambda}{\rho} \frac{G_d^2}{d^2} \tag{6-8}$$

式中　$R_d$——每米管长的沿程压力损失，Pa/m；

　　　$\lambda$——沿程阻力系数；

　　　$G_d$——管段的热媒流量，t/h；

　　　$\rho$——热媒密度，kg/m³；

　　　$d$——管道内径，m。

通常管网内水的流速大于 0.5m/s，水的流动状态多处于紊流的粗糙区，沿程阻力系数 $\lambda$ 按下式计算：

$$\lambda = \frac{1}{\left(1.14 + 2\lg \dfrac{d}{k}\right)^2} \tag{6-9}$$

对于管径等于或大于 40mm 的管道，$\lambda$ 按下式计算：

$$\lambda = 0.11 \left(\frac{d}{k}\right)^{0.25} \tag{6-10}$$

式中 $K$ 为管内壁面的绝对粗糙度，m；室外热水网路取 $k = 0.5 \times 10^{-3}$ mm。

将式（6-10）代入式（6-9）中，得

$$R_d = 6.88 \times 10^{-3} K^{0.25} \frac{G_d^2}{\rho d^{5.25}} \tag{6-11}$$

$$G_d = 12.06 \times \frac{(\rho R)^{0.5} d^{2.625}}{K^{0.125}} \tag{6-12}$$

$$d = 0.387 \times \frac{K^{0.0476} G_d^{0.381}}{(\rho R)^{0.19}} \tag{6-13}$$

为了简化计算，通常用图表进行水力计算，实际情况如果与图表的条件不相符合时，则需进行修正。

当绝对粗糙度 $K_{sh}$ 不同时，应对比摩阻进行如下修正：

$$R_{sh} = \left(\frac{K_{sh}}{K_b}\right)^{0.25} R_b = m R_b \tag{6-14}$$

式中　$R_b$、$K_b$——制表中的比摩阻和表中规定的管道绝对粗糙度；

　　　$R_{sh}$、$K_{sh}$——热媒的实际比摩阻和管道的实际绝对粗糙度；

　　　$m$——绝对粗糙度 $K$ 修正系数，见表 6-2。

**K 值修正系数 m 和 β**　　　　表 6-2

| K (mm) | 0.1 | 0.2 | 0.5 | 1.0 |
|---|---|---|---|---|
| m | 0.669 | 0.795 | 1.0 | 1.189 |
| β | 1.495 | 1.26 | 1.0 | 0.84 |

当流体的实际密度与制表的密度不同，但质量流量相同，则

$$v_{sh} = \left(\frac{\rho_b}{\rho_{sh}}\right) \cdot v_b \qquad (6-15)$$

$$R_{sh} = \left(\frac{\rho_b}{\rho_{sh}}\right) \cdot R_b \qquad (6-16)$$

$$d_{sh} = \left(\frac{\rho_b}{\rho_{sh}}\right)^{0.19} \cdot d_b \qquad (6-17)$$

式中　$\rho_b$、$v_b$、$R_b$、$d_b$——制表面的密度和表中查得的流速、比摩阻、管径；

$v_{sh}$、$\rho_{sh}$、$R_{sh}$、$d_{sh}$——热媒的实际密度和实际密度下的流速、比摩阻、管径。

在热水网路的水力计算中，由于水的密度随温度变化很小，可以不考虑不同密度下的修正计算。

（2）局部损失的计算

热水管网的而局部损失计算公式如下：

$$VP_j = \sum \zeta \frac{\rho v^2}{2} \qquad (6-18)$$

式中　$\sum \zeta$——管段的总局部阻力系数。

在室外管网的水力计算中，为计算方便，局部压力损失的计算常采用当量长度法，即将管段的局部损失折合成相当的沿程损失。当量长度的计算公式如下：

$$l_d = \sum \zeta \frac{d}{\lambda} = 9.1 \frac{d^{1.25}}{k^{0.25}} \sum \zeta \qquad (6-19)$$

式中　$l_d$——管段的局部阻力当量长度，m。

工程设计采用在 $K = 0.5mm$ 条件下，局部构件的局部阻力系数和当量长度值可查表（见相关规范）。

若绝对粗糙度与制表的绝对粗糙度不符时，应对当量长度 $l_d$ 进行修正。即：

$$l_{dsh} = \left(\frac{k_b}{k_{sh}}\right)^{0.25} l_{db} = \beta l_{db} \qquad (6-20)$$

式中　$k_b$、$l_{db}$——制表时的绝对粗糙度及表中查得的当量长度；

$k_{sh}$——管网的实际绝对粗糙度；

$l_{dsh}$——实际粗糙度条件下的当量长度；

$\beta$——绝对粗糙度的修正系数，见表 6-2。

室外管网的局部损失为：

$$\Delta p_j = R_d l_d \qquad (6-21)$$

室外管网的总损失为：

$$\Delta p_j = \sum R_d (l + l_d) = R_d l_{sh} \qquad (6-22)$$

式中　$l_{sh}$——管段的折算长度，m。

进行压力损失的估算时，局部阻力的当量长度 $l_d$ 可按管道实际长度 $l$ 的百分数估算。

### 6.2.3　三河尖矿区供暖水力计算

井上建筑物水力计算：

基本参数的选择：

供水温度：33℃；

回水温度：18℃；

管壁的粗糙度为：0.0002m；

选择水温：22℃；

运动黏度：4.79E-07$\text{m}^2/\text{s}$；

密度：983.24 $\text{kg/m}^3$；

比摩阻允许范围：0～300Pa/m。

根据上述有关供热管网的水力计算基本理论，三河尖矿区，工业广场、工人新村、洗浴、主副井供暖负荷等具体指标，采用鸿业水力计算软件，计算出三河尖矿各个采暖区域热水管网的流量、管径、流速、比摩阻、动压、沿程阻力、局部阻力及总阻力，为合理选用水泵的扬程提供设计依据。应用上述原理进行三河尖矿区供暖管路水力计算详见表 6-3。

三河尖矿区供暖管路水力计算表 表 6-3

| 序号 | 负荷（kW） | 流量（kg/h） | 管径 | 管长（m） | $N$（m/s） | $R$（Pa/m） | $\Delta P_y$（Pa） | 动压（Pa） | $\Delta P_y + \Delta P_j$（Pa） |
|---|---|---|---|---|---|---|---|---|---|
| 工业广场 | 10400 | 596267 | DN300 | 1300 | 2.2 | 144.6 | 187943.6 | 2444.7 | 187943.5 |
| 工人新村 | 5885 | 337407 | DN250 | 1400 | 1.8 | 122.2 | 171139.8 | 1635.9 | 171139.8 |
| 洗浴 | 1316 | 75450.7 | DN125 | 600 | 1.6 | 210.9 | 126566.2 | 1211.7 | 126566.2 |
| 主井 | 3471 | 199004 | DN200 | 700 | 1.5 | 103.9 | 72754.2 | 1119.6 | 72754.2 |
| 副井 | 410 | 23506.7 | DN100 | 400 | 0.7 | 65.1 | 26013.1 | 274.4 | 26013.1 |
| 小计 | 21482 | 1.23E+06 | | 4400 | | | 584416.8 | | 584416.8 |

## 6.3　主要设备选用

根据第 4 章、第 5 章的计算，选用奥陶水作为热源，抽水温度 32℃，提取 16℃ 温差，回灌温度 16℃，供热能力为 9218kW 考虑机组热量后为 11062kW，可解决洗浴、主副井口，工人新村，工业广场的部分建筑物（7094kW）。再用矿井涌水和一部分第四系的水，这样可建立井上井下联合循环系统，解决地上冬季供暖，夏季降温，井下降温问题。根据第 3 章计算的荷载，选用主体设备。表 6-4 为工程主要设备列表。工程总电力负荷为 375kW。

主体设备 HEMS-Ⅲ 选用 SGHP1600MH，SGHP2300MH，SGHP3100MH 三种型号，此外还有 HEMS-T，HEMS-PT，HEMS 是这一循环系统的关键技术。

主要设备一览表 表 6-4

| 序号 | 名称 | 型号 | 单位 | 数量 | 单台功率(kW) | 总功率(kW) |
|---|---|---|---|---|---|---|
| 1 | HEMS-Ⅲ机组 | HEMS-Ⅲ3100 | 台 | 4 | 682 | 2728 |
| | | HEMS-Ⅲ2300 | 台 | 1 | 502 | 502 |
| | | HEMS-Ⅲ1600 | 台 | 1 | 358 | 358 |
| 2 | HEMS-T(A) | HEMS-T200 | 组 | 1 | | |
| 3 | HEMS-T(B) | HEMS-T460 | 组 | 1 | | |
| 4 | HEMS-T(C) | HEMS-T250 | 组 | 1 | | |
| 5 | HEMS-T(D) | HEMS-T320 | 组 | 1 | | |
| 6 | 冷却水循环泵 | Kpkpv6019-7/8 | 台 | 5 | 75 | 375 |
| 7 | 冷冻水循环泵 | Kpkpv6019-7/8 | 台 | 6 | 55 | 330 |
| 合　计 | | | | | | 4293 |

# 6.4 深井高温热害资源化 HEMS 井上井下综合利用技术

## 6.4.1 系统流程

系统主要为工业广场、工人新村冬季供暖，井口冬季防冻，常年洗浴等提供热能。系统流程，如图 6-1 所示。

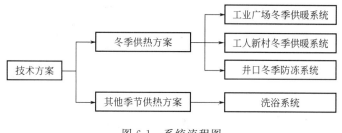

图 6-1 系统流程图

## 6.4.2 深井高温热害资源化综合利用 HEMS 技术

综合考虑三河尖矿的资源条件及矿区建筑物采暖负荷、井下降温系统冷负荷等影响因素，进行了三河尖矿深井高温热害资源化利用工程设计，设计了以奥陶水、矿井涌水为联合热源的深井高温热害资源化 HEMS 井上井下综合利用工艺，其工作原理见图 6-2。该工艺以矿井涌水作为热源（60m³/h），采用 2 台小型 HEMS-Ⅰ机组运行，25℃的矿井涌水，提取热量后，11℃的水经 HEMS - PT 回到井下储水仓，32℃的奥陶水，经 HEMS - T，HEMS - Ⅲ循环提取热量后，降为 16℃的水回灌。

HEMS-Ⅰ机组、HEMS-Ⅱ机组以及工艺管道均具有"煤矿矿用产品安全标志证书"。

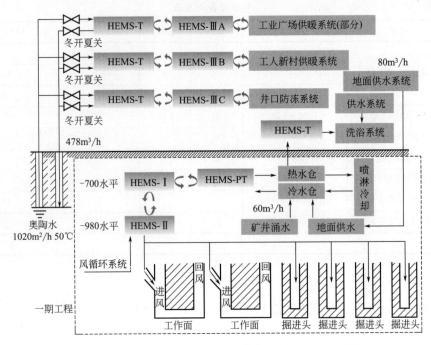

图 6-2　三河尖煤矿深井高温热能综合利用 HEMS 工艺图

## 6.4.3　运行工况说明

本系统利用 478m³/h 奥陶系灰岩水作为热水水源，以水温 32℃ 作为计算指标，提取热量后，温度为 16℃ 回灌到 21102 工作面采空区；利用 270m³/h 矿井涌水作为热水水源，以水温 23℃ 作为计算指标，提取热量后，温度为 7℃ 回灌到 −750 水平水仓。

工业广场和工人新村供暖负荷为 16285kW，井口防冻供热负荷为 3881kW，洗浴供热负荷为 1316kW，总负荷 21482kW。

选用两台 HEMS-Ⅲ 3100 以矿井涌水为水源，为工业广场供暖，提供热负荷为 6048kW，两台 HEMS-Ⅲ 3100 以奥陶系灰岩水为水源，提供热负荷为 6048kW；两台 HEMS-Ⅲ 2300 以奥陶系灰岩水为水源，提供热负荷为 2293kW；HEMS-Ⅲ 1600 以奥陶系灰岩水为水源，为洗浴提供热负荷为 1584kW。

制热工况：考虑奥陶系灰岩水水质较差，直接进入 HEMS-Ⅲ 机组会严重影响其制热能力及使用寿命，所以整个系统加入三防换热器，奥陶系灰岩水经换热器后回灌到 21102 工作面采空区，矿井涌水换热后流回到 −750m 水仓。换热器与 HEMS-Ⅲ 机组串联运行，机组一次侧与换热器二次侧之间采用闭式循环。为工业广场供暖的 HEMS-Ⅲ 一次侧三防换热器型号为 HEMS-T200；为工人新村供暖的 HEMS-Ⅲ 一次侧的三防换热器的型号为 HEMS-T460；为井口和洗浴供热的 HEMS-Ⅲ 一次侧的三防换热器的型号为 HEMS-T250；洗浴末端三防换热器型号为 HEMS-T320。

（1）HEMS-Ⅲ 主机：

1）为工业广场供暖的 HEMS-Ⅲ 机组

一次侧：进水流量：255m³/h　进水温度：20℃；

出水流量：255m³/h　出水温度：3℃。

二次侧：进水流量：610m³/h　进水温度：50℃；

出水流量：610m³/h　出水温度：60℃。

2）为工人新村供暖的 HEMS-Ⅲ 机组

一次侧：进水流量：255m³/h　进水温度：27℃；

出水流量：255m³/h　出水温度：9℃。

二次侧：进水流量：610m³/h　进水温度：50℃；

出水流量：610m³/h　出水温度：60℃。

3）井口防冻供热 HEMS-Ⅲ 机组

一次侧：进水流量：188m³/h　进水温度：25℃；

出水流量：188m³/h　出水温度：17℃；

二次侧：进水流量：330m³/h　进水温度：50℃；

出水流量：330m³/h　出水温度：60℃。

4）为洗浴供热 HEMS-Ⅲ 机组

一次侧：进水流量：188m³/h　进水温度：25℃；

出水流量：188m³/h　出水温度：9℃。

二次侧：进水流量：249m³/h　进水温度：40℃；

出水流量：249m³/h　出水温度：45.5℃。

（2）三防换热器

1）HEMS-T（A）

一次侧：进水流量：270m³/h　进水温度：23℃；

出水流量：270m³/h　出水温度：7℃。

二次侧：进水流量：255m³/h　进水温度：3℃；

出水流量：155m³/h　出水温度：21℃。

2）HEMS-T（B）

一次侧：进水流量：290m³/h　进水温度：32℃；

出水流量：290m³/h　出水温度：16℃。

二次侧：进水流量：255m³/h　进水温度：9℃；

出水流量：255m³/h　出水温度：27℃。

3）HEMS-T（C）

一次侧：进水流量：188m³/h　进水温度：32℃；

出水流量：188m³/h　出水温度：16℃。

二次侧：进水流量：188m³/h　进水温度：9℃；

出水流量：188m³/h　出水温度：25℃。

4）HEMS-T（C）

一次侧：进水流量：249m³/h　进水温度：45.5℃；

出水流量：249m³/h　出水温度：40℃。

二次侧：进水流量：249m³/h　进水温度：37.5℃；

出水流量：249m³/h　出水温度：43℃。

## 6.5　工艺系统的关键技术

### 6.5.1　深井 HEMS 系统的工作原理及特点

深井 HEMS 降温系统是针对深井开采高温热害控制与利用所研发的一套工艺系统，其工作原理是利用矿井各水平现有涌水，通过能量提取系统从中提取冷量，然后运用提取出的冷量与工作面高温空气进行换热作用，降低工作面的环境温度及湿度，其工作原理见图 6-3[118]。

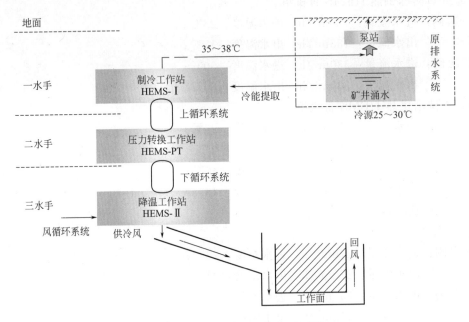

图 6-3　矿井涌水降温技术原理[24]

整个工艺系统由上、下循环系统及风循环系统组成，其中上、下循环系统是闭路循环，循环介质是水体，而风循环系统则是开路循环。首先根据降温工作面计算的冷负荷，进行 HEMS-Ⅰ制冷工作站的设计，在设计时考虑系统运行过程中能量的损失，要求 HEMS-Ⅰ工作站必须能够提供足够的冷量；HEMS-Ⅱ工作站设计是根据HEMS-Ⅰ提供的冷量，通过冷量载体与风流的热交换，将工作面的热量置换后达到降温的效果；HEMS-PT 工作站在系统中主要起到压力转换也就是降低设备承压的作用，因为HEMS-Ⅰ与 HEMS-Ⅱ两个工作站布置在两个不同的开拓水平，当两个水平间高差很大时所造成的高压对于下水平布置的管道及相关设备的承压性能提出很高的要求，因而导致设备及相应材料很难选择。当在两者之间设置 HEMS-PT 工作站后，将系统分为上、下两个闭路循环，这样就将上下两个循环均控制在常规设备可以承受的压力范围内[119]。

该技术所利用的冷源是矿井涌水，充分利用地层能，保证了资源的可持续利用和发展，整个系统实行闭路循环[120]，无污染，最大程度地减少了废气废物的排放，不仅有效地保护了生态环境，而且具有显著的社会效益。

### 6.5.2 HEMS-Ⅲ能量转换与提升技术

**1. HEMS-Ⅲ系统组成及原理**

HEMS-Ⅲ系统，主要由满液式蒸发器、壳管式冷凝器、螺杆式压缩机和节流阀四部分组成见图6-4，工质为 R134a。系统的供热量来自两部分[121]，一部分是从低温（25℃）热源矿井涌水吸取热量，一般占总供热量的 70%~75%，另一部分热量则由机械功转变而来，一般占总供热量的 25%~30%。HEMS-Ⅲ机组利用"卡诺"循环原理进行冬季供暖，不受气温的限制，即使在零下 20 多度的严冬照样能高效运行。在夏季利用"逆卡诺"循环原理，将空气（或水）中的低品位热能转为高品位热能，进行夏季降温。系统循环由两个等压过程、一个绝热压缩过程和一个绝热节流过程组成如图6-5所示，1—2 为等熵绝热压缩，2—3 为制冷剂在冷凝器中等压放热过程，3—4 为节流过程，绝热节流前后制冷剂比焓不变，故为垂直线，4—1 为制冷剂在蒸发器内等压蒸发及吸热过程。

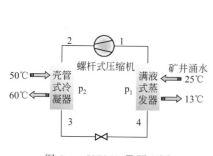

图 6-4　HEMS-Ⅲ原理图

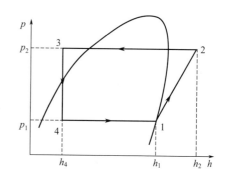

图 6-5　HEMSⅢ p-h 图

**2. 压缩机制冷理论循环的热力计算[122]**

假定为稳定流量，则有：

蒸发器中等压吸热过程，单位质量制冷剂的制冷能力为：$q_0 = h_1 - h_4$，kJ/kg；

冷凝器中等压放热过程，单位质量制冷剂的冷凝负荷为：$q_k = h_2 - h_3$，kJ/kg；

单位质量制冷剂在压缩机中被压缩时，压缩机的耗能功量为：$\omega_0 = h_2 - h_1$，kJ/kg；

节流前后，制冷剂的比焓不变，即 $h_3 = h_4$，kJ/kg，故 $\omega_0 = q_k - q_0$，kJ/kg。

理论制冷系数：

$$\varepsilon_{th} = \frac{h_1 - h_4}{h_2 - h_4} \tag{6-23}$$

制冷效率：

$$\eta_R = \frac{\varepsilon_{th}}{\varepsilon_c'} \tag{6-24}$$

**3. 冷凝中的能量转换过程及计算[123]**

冷凝器中的能量转换过程包括：制冷剂的冷凝换热，金属壁、垢层的导热及冷却剂的吸热过程。

制冷剂冷凝时在冷却表面上形成一层液膜，气态制冷剂放出的热量必须通过液膜才能传导至冷却表面。蒸汽不流动时，制冷剂的冷却换热系数 $\alpha_c$[W/(m² · K)] 可按努谢尔特公式计算：

$$\alpha_c = c\left(\frac{\beta}{\Delta t \times l}\right) \tag{6-25}$$

其中系数 $c$ 对于水平单管取 0.725，对于垂直面，当液膜呈层流时取 0.943，当液膜呈波浪形流动时取 1.13；$l$ 为定形尺寸；$\Delta t$ 为冷凝度与壁面温度之差（℃）；$\beta$ 为物性指数

$$\beta = \frac{\lambda^3 \rho^2 g \gamma}{\mu}, [W^2 \cdot N/(m^6 \cdot K^3 \cdot s)] \tag{6-26}$$

式中　$\lambda$——凝液的导热系数；

　　　$\rho$——凝液的密度 kg/m³；

　　　$\gamma$——制冷剂的比潜热 J/kg；

　　　$\mu$——制冷剂的动力黏度 N·s/m²；

　　　$g$——重力加速度 m/s²。

**4. 冷凝的设计**

冷凝的设计是给定两个传热介质流量及其进出口水温度，计算所需的传热面积和结构尺寸。传热计算式为：

$$q_k = k_c A \Delta t_m \tag{6-27}$$

式中：$q_k$ 为换热量；$k_c$ 为总换热系数；$A$ 为换热面积；$\Delta t_m$ 为传热平均温差。

（1）制冷器热负荷 $q_k$ 的确定：

对于采用开启式压缩机的制冷系统，冷凝器的热负荷约等于制冷量与制冷压缩机的指示功率 $q_i$ 之和，即：

$$q_k = q_k + p_i (kW) \tag{6-28}$$

（2）传热平均温差 $\Delta t_m$ 的确定

在换热器中冷热流体沿传热面进行换热，其温度沿流向随时间不断变化，故温差 $\Delta t$ 在不断变化，设温度角标的意义如下：下角标"1"表示热流体，"2"表示冷流体；上角标"′"指进口水温度，"″"指出口水温度。

传热量可由式 6-28 求积分得

$$q_k = \int_0^A k_x (t_1 - t_2)_x d_A \tag{6-29}$$

取 $k_x$ 为常数，与 $A$ 无关，则

$$q_k = k\int_0^A (t_1 - t_2)_x d_A = k\Delta t_m A \tag{6-30}$$

式中 $\Delta t_m$ 为平均温差，其意义是

$$\Delta t_m = \frac{\int_0^A (t_1 - t_2)_x d_A}{A} = \frac{1}{A}\int_0^A \Delta t_x dA \tag{6-31}$$

若已知 $\Delta t_x$ 沿传热面的变化规律，则 $\Delta t_m$ 就可按式 6-31 积分求出。顺流换热时，求得对数平均温差：

$$\Delta t_m = \frac{\Delta t' - \Delta t''}{\ln\dfrac{\Delta t'}{\Delta t''}} \tag{6-32}$$

（3）总换热系数 $k_c$ 的确定

层流膜状凝结换热是凝结换热的最常见形式，按努氏理论，对液膜的速度场和温度场做如下假定：

1）纯蒸汽在壁上凝结成层流液膜，且物性为常量；

2）液膜表面温度 $t_\delta$ 等于 $t_s$（饱和温度），即蒸汽—液膜交界面无温度梯度，仅发生凝结换热而无对流换热和辐射换热；

3）蒸汽是静止的，且认为蒸汽对液膜表面无黏滞应力作用，故液膜表面 $\left(\dfrac{\partial u}{\partial y}\right)_{y=\delta}=0$；

4）液膜很薄且流动速度缓慢，可忽略液膜的惯性力；

5）凝结热以导热的方式通过液膜，膜内温度为线性；

6）忽略液膜的过冷度，即凝液的焓为饱和液体的焓 $H'$（实际凝结液的温度总低于饱和温度，故蒸汽不但放出潜热，还放出显热）

根据上述假定，将动量方程应用于液膜中的微元体，考虑到重力方向与坐标 $x$ 方向一致，在稳态情况下，方程为：

$$\rho\left(u\,\frac{\partial u}{\partial x}+v\,\frac{\partial u}{\partial y}\right)=\rho g-\frac{\partial p}{\partial x}+\mu\left(\frac{\partial^2 u}{\partial y^2}\right) \tag{6-33}$$

式中：$\rho$ 为液膜密度；$\dfrac{\partial p}{\partial x}$ 为液膜在 $x$ 方向的压力梯度，此梯度可按 $y=\delta$ 处液膜表面蒸汽压力梯度计算。

将式（6-33）应用于蒸汽，设蒸汽密度为 $\rho_v$，考虑到 3）和 4）假定，由式（6-33）得：$\dfrac{\partial p}{\partial x}=\rho_v g$ 再将其带入式（6-33），由假定 4），在忽略惯性力后，即得到液膜运动微分方程：

$$\mu\left(\frac{\partial^2 u}{\partial y^2}\right)+(\rho-\rho_v)g=0 \tag{6-34}$$

上式表明，作用在微元体上的力只有黏滞应力和重力，两力达到平衡。式（6-34）的边界条件是 $y=0$，$u=0$；$y=\delta$，$\dfrac{\partial u}{\partial y}=0$，因为 $\rho$ 远大于 $\rho_v$，故积分式（6-34）可得膜层内速度分布为：

$$u=\frac{\rho g}{\mu}\left(\delta y-\frac{1}{2}y^2\right) \tag{6-35}$$

同理，当对流项为零时，得到液膜内能量微分方程为 $\dfrac{\partial^2 t}{\partial y^2}=0$ 其边界条件为 $y=0$，$t=t_w$；$y=\delta$，$t=t_s$，积分得到凝结液膜内温度分布为：

$$t=t_w+(t_s-t_w)\frac{y}{\delta} \tag{6-36}$$

由速度分布式（6-35），在 $y=0\sim\delta$ 范围内积分，则通过 $x$ 处断面 1m 宽壁面的凝液质流量为：

$$M=\int_0^\delta \rho u\,dy=\frac{\rho^2 g\delta^3}{3\mu}(\text{kg/s}) \tag{6-37}$$

质量 $M$ 在 $\mathrm{d}x$ 距离内的增量为：

$$\frac{\mathrm{d}M}{\mathrm{d}x}\mathrm{d}x = \frac{\mathrm{d}M}{\mathrm{d}\delta}\frac{\mathrm{d}\delta}{\mathrm{d}x}\mathrm{d}x = \frac{\mathrm{d}M}{\mathrm{d}\delta}\mathrm{d}\delta \tag{6-38}$$

将式（6-37）代入式（6-38）得：

$$\mathrm{d}M = \frac{\rho^2 g \delta^2}{\mu}\mathrm{d}\delta \tag{6-39}$$

液膜微元段热平衡关系式：

$$H'\mathrm{d}M + MH' = \lambda\left(\frac{\mathrm{d}t}{\mathrm{d}y}\right)_{\mathrm{w}}\mathrm{d}x + H'\left(M + \frac{\mathrm{d}M}{\mathrm{d}x}\mathrm{d}x\right) \tag{6-40}$$

由式（6-36）、式（6-37）及潜热 $\gamma = H'' - H'$ 上式改写为：

$$\gamma\frac{\rho^2 g \delta^2}{\mu}\mathrm{d}\delta = \lambda\left(\frac{t_s - t_w}{\delta}\right)\mathrm{d}x \tag{6-41}$$

分离变量 $\delta$ 与 $x$：$\delta^3 d_\delta = \dfrac{\lambda\ (t_s - t_w)\ dx}{\rho^2 g \gamma}$，由 $x=0$ 处 $\delta=0$ 积分式（6-41），得 $x$ 处的液膜厚度：

$$\delta = \left[\frac{4\mu\lambda x(t_s - t_w)}{\rho^2 g \gamma}\right]^{1/4} \tag{6-42}$$

在 $\mathrm{d}x$ 微元内的凝结换热量等于该段膜层的导热量，故：

$$h_x(t_s - t_w)dx = \lambda\frac{(t_s - t_w)}{\delta}dx \ ; \delta = \frac{\lambda}{h_x}$$

将上式代入式 6-42，消去 $\delta$，得局部表面换热系数：

$$h_x = \left[\frac{\rho^2 g \lambda^3 \gamma}{4\mu x(t_s - t_w)}\right]^{1/4} \tag{6-43}$$

设壁长为 $l$，则液膜的平均表面传热系数为：

$$h = \frac{1}{l}\int_0^l h_x \mathrm{d}x = \frac{3}{4}h_{x=1} = 0.943\left[\frac{\rho^2 g \lambda^3 \gamma}{\mu l(t_s - t_w)}\right]^{1/4} \tag{6-44}$$

水平圆管外壁的平均凝结表面传热系数：

$$h = 0.725\left[\frac{\rho^2 g \lambda^3 \gamma}{\mu d(t_s - t_w)}\right]^{1/4}\left[\mathrm{W}/(\mathrm{m}^2 \cdot \mathrm{K})\right] \tag{6-45}$$

总传热系数：

$$k_c = \frac{1}{\dfrac{1}{h_1} + \dfrac{\delta}{\lambda} + \dfrac{1}{h_2}}\left[\mathrm{W}/(\mathrm{m}^2 \cdot \mathrm{K})\right] \tag{6-46}$$

（4）换热面积 $A$ 的确定：

由式 6-27 得 $A = \dfrac{q_k}{k_c \Delta t_m}$。

## 6.5.3　HEMS-T 换热技术

为使污水不直接进入 HEMS-Ⅲ 机组，在水源侧与 HEMS-Ⅲ 机组之间加入了 HEMS-T 防腐换热设备。为达到更好的换热效果研发了新型折流技术，折流杆换热器的工作原理是，当工业水通过导流筒进入闭冷器壳体后，流体将顺着管束流动，遇到折流杆就产生扰流，在下一个折流杆再次产生扰流，如此多次扰动减薄了层流边界层，增强了传热。同时流体顺着换热管流动，彻底消灭了流动死区，基本消除了诱导振动，减小了流动阻力，并且因绕流的自洁作用而避免了污垢的沉积。

## 6.6　系统运行效果预测分析

本系统利用奥陶水、矿井涌水和第四系地下含水层的水为热源，并结合地面目前供热系统的应用情况，针对三河尖矿井下降温、地面供热的特点，形成了井下制冷、地面供热，并通过第四系含水层作为储能层调节冷热能。预计该系统运行可达到的效果：

（1）利用了闲置的奥陶水的热能，开发新的热资源；

（2）提取矿井涌水的热能，有利于井下降温效果提高；

（3）替代燃煤锅炉，减少 $CO_2$ 等污染物的排放，为绿色环保采暖方式，预计会取得很好的环境效益。

## 6.7　本章小结

本章在对三河尖矿深井高温热害特点和规模分析的基础上，根据地上建筑物供暖负荷及特点，进行了水力计算，综合考虑奥陶水、矿井涌水和第四系地下含水层的水的供热能力，选择了适宜的设备，设计了三河尖矿深井高温热害资源化 HEMS 井上井下综合利用工艺，并对系统的运行效果进行了预测分析。

# 第 7 章　结论与展望

## 7.1　结论

随着我国经济的快速发展，人民生活水平的提高，对能源需求不断增长，使得我国煤矿开采不得不向深部发展，相伴而来的越来越严峻的深井高温热害问题，是制约深部开采的关键性难题。就此难题，国内外许多专家学者，工程技术人员做出了大量的工作，也取得了很好成绩，但要彻底解决深井高温热害问题还有待进一步研究探讨。

本书以深部矿山的典型矿井——三河尖矿为工程研究背景，针对三河尖矿存在的深井热害；锅炉采暖高耗煤及环境污染；高温奥陶系灰岩水闲置未用造成热资源浪费同时存在透水隐患等三大难题，分析了三河尖矿水文地质资料及深部地温场的分布规律，采用理论分析和数值模拟相结合的方法，揭示了奥陶系灰岩水与深部围岩的传热机理，找出了奥陶水的温度场分布规律，确定了奥陶水的供热能力，获得了三河尖矿深井高温热害资源化利用工程设计与实施的重要依据。提出了以奥陶水和矿井涌水为联合热源，综合考虑地上供暖特点，三河尖矿深井高温热害资源化 HEMS 井上井下联合利用技术，并分析了其预期效果。通过"深井热害资源化利用技术"的研究，取得了如下创新性成果：

（1）建立了三河尖矿在抽水供热条件下奥陶水和围岩多孔介质间的换热模型，并运用多孔介质中的传热传质理论进行分析，揭示了奥陶水和深部围岩的传热机理。

（2）依据三河尖矿水文地质特点，建立了奥陶水和深部围岩相互作用的数值模型，在满足三河尖矿工业广场用热的工况下，分析了：1）定流量不同进水温度时，奥陶水的温度场变化规律：出口水温度随着进口水温的升高而升高，但升高的速度在不断减慢，即进出口水温差越来越小，围岩传递给奥陶水的热量也越来越少。2）定水温不同流量时，出口水温度、进出口水温差和传热量的变化规律：随着流量的增加，出口水温度降低，进出口水温差减小。并绘制了在定流量工况下的温度场分布图。

（3）依据上述重要结论，进行了三河尖矿深井高温热害资源化利用工程设计，设计了以奥陶水、矿井涌水为联合热源的深井高温热害资源化 HEMS 井上井下循环利用工艺。该工艺系统既解决了深井热害资源化利用问题以及高温奥陶系灰岩水闲置未用造成热资源浪费问题，又消除奥陶系灰岩水存在的透水隐患，同时还解决高耗煤及环境污染问题。

上述成果为深井高温热害资源化利用开辟了新的技术途径，在节能减排，改善环境，实现循环经济可持续发展方面具有重要意义。

## 7.2 展望

　　深井高温热害治理与资源化利用为深部开采的关键性问题之一，是一个非常复杂的国际性难题，作者在导师何满潮教授的悉心指导下，对深井高温热害发生机理与资源化利用的研究获得了一些有益的认识，取得了一些成绩。但是由于开采深度的不断加大，加上深部工程的复杂性，要想达到完全解决深部热害，并加以利用的问题还需要不懈努力。预计还应在以下几方面进行深入研究和探讨：

　　（1）深部岩体的传热传质是个非常复杂的过程，本课题的研究仅仅取得初步成绩，还需进一步研究。

　　（2）提热后的奥陶水回灌问题也需深入研究。

# 参 考 文 献

[1]  何满潮，李春华，等．中国中低熔地热工程技术．北京：科学出版社，2004．

[2]  何满潮，谢和平，彭苏萍，等．深部开采岩体力学及工程灾害控制研究．深部开采基础理论与工程实践．科学出版社．2006，15～32.

[3]  何满潮，徐敏．HEMS深井降温系统研发及热害控制对策．岩石力学与工程学报，2008，7，1353～1361.

[4]  何满潮．深部开采工程岩石力学的现状及其展望．见：中国岩石力学与工程学会主编．第八次全国岩石力学与工程学术大会论文集．北京：科学出版社，2004：88～94.

[5]  Vogel M. Andrast H. P.，Alp Transit-Safety in Construction as A Challenge，Health and Safety Aspects in Very Deep Tunnel Construction[J]. Tunneling and Under Ground Spaces Technology，2000，15(4)：481-484.

[6]  Diering D. H.，Ultra-deep Level Mining-Future Requirements，Journal of the South African Institute of Mining and Metallurgy[J]，1997，97(6)：249～255.

[7]  解世俊，孙凯年，邓永学，等．金属矿床深部开采的几个技术问题[J]．金属矿山，1998，(6)：3～6.

[8]  Astarita，G..Mass Transfer with Chemical Reaction[M].Elsevier Publishing Company，New York，1967.

[9]  张天军，高战敏，蔡嗣经，等．21世纪的超深采矿[J]．国外金属矿山，2000，(6)：25～31.

[10]  谢和平．深部开采诱发的工程灾害与基础科学问题．深部开采基础理论与工程实践．科学出版社2006，1～12.

[11]  煤炭部．关于高温矿井调查报告．1985．

[12]  HE Manchao，CAO Xiuling，XIE Qiao，et al. Principles and Technology for Stepwise Utilization of Resources for Mitigating Deep Mine Heat Hazards. MINING & TECHNOLOGY VOL20，2010.1：20～27.

[13]  Cluver，E. H. An analysis of ninety-two fatal heat stress cases on Witwatersrand gold mines[J]. 1932，6，15～23.

[14]  Dreosti，A. O. Problems arising out of temperature and humidity in deep mines of the Witwatersrand[J]. chem. metall. Min. Soc. S. Afr.，1935，36，102～129.

[15]  庞立新，景长生．煤矿井下降温技术的探索及应用[J]．2000，40(3)：60～62.

[16]  中国科学院地质研究所地热室编著．矿山地热概论[M]．北京：煤炭工业出版社，1981.

[17]  Environmental engineering in South Africa mines[M]. The mine ventilation society of South Africa. 1982.

[18]  南非金矿通风协会编著，马秉衡，陈化韩，阳昌明等译．南非金矿通风[M]．北京：冶金工业出版社，1984.

[19]  虎维岳，何满潮．深部煤炭资源及开发地质条件研究现状与发展趋势[[M]．北京：煤炭工业出版社，2008.

[20]  李竞生，姚磊华．含水层参数识别方法[M]．北京：地质出版社，2003.

[21]  中华人民共和国国家标准．采暖通风与空气调节设计规范 GBJ19-87．北京：中国计划出版社，2001.

[22]  R. Hemp. Air temperature increases in airways[J]. The mine ventilation society of South Africa，1985，1-20.

[23] 孙艳玲，桂祥友．煤矿热害及其治理[J]．2003，22(sup)：35~37.

[24] 李学武．山东济三煤矿热环境参数分析及通风降温可采深度研究．山东科技大学硕士学位论文，2004：8.

[25] 煤炭工业部．煤矿安全规程．北京：煤炭工业出版社，1986.

[26] 王洪义，陈启永，刘桂平．平顶山矿区热害产生原因及治理对策[J]．煤炭科学技术，2004，32(9)：19~22.

[27] 余恒昌．矿山地热与热害治理[M]．北京：煤炭工业出版社，1991.

[28] 中华人民共和国能源部煤矿安全规程[M]．北京：煤炭工业出版社，1992，56.

[29] 舒碧芬，郭开华，张奕，等．气体水合物蓄冷系统的研究．第八届全国余热制冷与热泵技术学术会议论文集．广州，1997，123~126.

[30] 苏昭桂．巷道围岩与风流热交换的反演算法及其应用[D]．山东科技大学硕士学位论文，2004.

[31] Gou，K. H.，Shu，B. F. and Yang，W. J. Advances and applications of gas hydrate thermal energy storage technology[J]. Energy and Environment Symp，1996，1：381~386.

[32] Gou，K. H.，Shu，B. F. and Zhang，Y.，Transient behavior of energy charge-discharge and solid-liquidphase charge in mixed gas-hydrate formation[J]. Heat Transfer Science and Technology，1996，728~733.

[33] 康永华，耿德庸，许升阳．煤矿井下工作面突水与围岩温度场的关系[M]．北京：煤炭工业出版社，1996.

[34] (苏)A. H. 舍尔巴尼等著，黄翰文译.《矿井降温指南》[M]．北京：煤炭工业出版社，1982.

[35] 吴先德．德国矿井降温技术考察[J]．江苏煤炭，1992，32(4)，16~18.

[36] 李振顶，彭辉仕．矿井降温在掘进巷道内的应用[J]．煤矿安全，2001，3：12~13.

[37] 舒碧芬，郭开华，蒙宗信，等．新型"暖冰"蓄冷技术及其蓄冷空调应用方式[J]．制冷学报，2000，3：36~40.

[38] (日)平松良雄著，刘运洪等译．通风学[M]．北京：冶金工业出版社，1981.

[39] 平松良雄．关于坑内气流的温度变化[J]．日本矿业会志，1951，67卷758号．

[40] 杨沫，煤矿巷道内围岩传热计算若干问题的研究[D]．天津：天津大学硕士学位论文2007.

[41] 杨高飞，矿井围岩与风流热湿交换规律的实验与模拟研究[D]．天津：天津大学硕士学位论文2008.

[42] Decsartes. R. Opera mathematica et philosophica, tom. I, pricipia philosophiae, Amsterdam，1692.

[43] Leibnitz，G. W. von. Protogaea sive de prima facie telluris et antiquissimae historie vestigiis，G? ttingen. 1749.

[44] Newton，I. Philosophiae naturalis principia mathematica(1687)，dtsche Ausg. Von J. Ph. Wolfers，mathematische Prinzipien der Naturlehre，Berlin，1872.

[45] Buffon，Gr. von. Epochen der nature，aus dem Franzsischen Les epochs de la nature(Paris 1780)，Leipzig，1782.

[46] (德国)G. 邦特巴思著，易志新，熊亮萍译．地热学导论[M]．北京：地震出版社，1988.

[47] 王均，黄尚瑶，黄歌山，等．中国地温分布的基本特征[M]．北京：地震出版社，1990.

[48] 赵镇南．传热学[M]．北京：高等教育出版社，2002.

[49] 郭勇义，吴世跃．矿井热工与空调[M]．北京：煤炭工业出版社，1997.

[50] 赵以惠．矿井通风与空气调节[M]．徐州：中国矿业大学出版社，1990.

[51] 王秉权，左树勋，栾昌才．采矿工业卫生学[M]．徐州：中国矿业大学出版社，1991.

[52] 杨承祥，袁世伦，胡国斌．冬瓜山铜矿深井热害的防治对策[J]．矿业工程，2004，2(2)：29~31.

[53] 庞立新，景长生．煤矿井下降温技术的探索及应用[J]．煤矿开采，2000，40(3)，28~32.

［54］ 朱家玲．地热能开发与应用技术［M］．北京：化学工业出版社，2006.

［55］ 陈安明，济二煤矿深部开采热害调查及治理技术研究［D］．西安：西安科技大学硕士学位论文，2006.

［56］ Rohsenow, W. M, Chol, H. Y. Heat, Mass and Momentum Transfer. Prentice-Hall, Inc., 1961.

［57］ 徐希孺．遥感物理［M］．北京：北京大学出版社，2005.

［58］ 严荣林、侯贤文编．矿井空调技术［M］．煤炭工业出版社，1994，1～200.

［59］ 赵以蕙主编．矿井通风与空气调节［M］．中国矿业大学出版社，1996，193～235.

［60］ 陈安国，矿井热害产生的原因、危害及防治措施，中国安全科学学报，2004，14(8)：3～6.

［61］ 余常昭．环境流体力学导论［M］．北京：清华大学出版社，1992.

［62］ 范维澄，廖光煊．流体流动、传热传质和燃烧过程的计算机模拟［M］．合肥：安徽科技出版社，1990.

［63］ 王朝阳．低热损冷源介质输送技术及高效热交换技术［M］．中国科技文化出版社，2005.

［64］ 张毅．夹河矿深部热害发生机理及其控制对策［D］．北京：中国矿业大学，2006.

［65］ 杨生彬．矿井涌水为冷源的夹河矿深井热害控制技术［D］．北京：中国地质大学，2008.

［66］ 何满潮，郭平业，陈学谦，等．三河尖矿深井高温体特征及其热害控制方法，岩石力学与工程学报，2010，26(Sup. 1).

［67］ He Man-chao, Guo Ping-ye, Yang Jun. Study on the HEMS Technique to Control Heat-harm and Utilize Geo-thermal Energy in Deep Mine, Proceedings World Geothermal Congress 2010.

［68］ 杨世铭．传热学［M］．北京：高等教育出版社，1980.

［69］ 朱红青，常文杰，郭达，等．钱家营矿引起风流温升热源分析及降温措施［J］．煤炭科学技术，2004，32(2)：27～30.

［70］ 吕品．矿井热害的调查与防治［J］．中国煤炭，2002，7(7)：38～40.

［71］ 马建强，耿玉德．东滩煤矿东冀热害治理的探讨［J］．煤炭工程，2001，7：53～54.

［72］ 刘河清，吴超，王卫军，等．矿井降温技术述评［J］．金属矿山，2005，348(6)：43～46.

［73］ 王义江，杨胜强，于宝海，等．白集煤矿区域可控循环风系统的理论分析与试验［J］．安全与环境学报，2005，5(5)：24～27.

［74］ 金学玉．利用恒温水源进行矿井降温［J］．煤矿安全，2004，35(6)：7～9.

［75］ 曹光保，赵志根．矿井热害及防治［J］．地质勘探安全，2000，6：45～46.

［76］ 何满潮，屈晓红．地层新能源工程原理及其应用［J］．建筑科学与工程学报，2007，24(4)：91～94.

［77］ 何满潮，徐能雄．地热工程一体化非线性设计理论及工程应用［J］．太阳能学报，2005，26(5)：684-689.

［78］ Gou, K. H., Shu, B. F. and Yang, W. J. Advances and applications of gas hydrate thermal energy storage technology［J］. Energy and Environment Symp, 1996, 1：381～386.

［79］ 何满潮，乾增珍，朱家玲．深部地层储能技术与水源热泵联合应用工程实例［J］．太阳能学报，2005.

［80］ 闫秋会，赵建会，张联英．供热工程［M］．北京：科学出版社，2008.

［81］ 李荣学，黄修典．三河尖井田地温异常研究，江苏煤炭［J］.1998，3：40～44.

［82］ 刘伟，范爱武，黄晓明，等．多孔介质传热传质理论与应用［M］．北京：科学出版社，2006.

［83］ 林瑞泰．多孔介质传热传质引论［M］．北京：科学出版社，1995.

［84］ A. Corey Mechanics of Immiscible Fluids in Porous Media (3rd ed.), Water Resources Publications, 1994.

［85］ J. Bear and Y. Bechmat. Introduction to Modeling of Transport Phenomena in Porous Media, Kluwer Academic Publishers, 1991.

［86］ R. E. 科林斯著．陈钟祥，吴望一译．流体通过多孔材料的流动［M］．北京：石油工业出版

社，1984.

[87] 林瑞泰.热传导理论与方法[M].天津：天津大学出版社，1992.

[88] A. V. Luikov. Heat and Mass Transfer，Moscow：Mir Publishers，1980.

[89] P. Persoff. J. B. Hulen. Hydrologic characterization of four cores from the geysers coring CA，US，22-24，1996.

[90] D. A. Nield . Modeling high speed flow of a compressible fluid in a saturated porous medium，Transport in Porous Media，14：85-88，1994.

[91] D. A. Nield . Effect of local thermal non equilibrium in steady convective processes in a s aturated porous medium：forced convection in a channel，1：181-186，1998.

[92] J. P. Pascal，H. Pascal . Pressure diffusion in unsteady non-Darcian flow through porous media，Eur . J . Mech，B/Fluids，14(1)：75-90，1995.

[93] J. P. Pascal，H. Pascal . Non-linear effects on some on some unsteady on-Darcian flows through porous media，Int . J . Non Linear Mechanics，32(2)：361-376，1997.

[94] J. L. Lage，B. V. Antohe，D. A. Nield . Two types of non-linear pressure drop versus flow rate relation observed for saturated porous media，ASME J . Fluids Engng .，119：701～706，1997.

[95] M. K. Alkam，M. A. A. I. Nimr . Transient non-Darcian forced convection flow in a pipe paetially filled with a porous material，Int . J. Heat Mass Transfer，41(2)：347～356，1998.

[96] Peter Bastian. Numerical Computation of Multiphase Flows in Porous Media，Habilitationsschrift，1999.

[97] Zhaohui Wang and Guohua Chen. Heat and mass transfer in fixed-bed drying [J]. Chemicao Engineering Science，54(17)：4233～4243，1999.

[98] Zhaohui Wang and Guohua Chen. Heat and mass transfer in batch fluidized-bed drying of porous particles [J]. . Chemicao Engineering Science，55(10)：1857～1869，2000.

[99] Shu Wu and K. Press. Gas flow in porous media with Klinkenberg effects，Transport in Porous Media，32：117-137，1998.

[100] 陈荷立，汤锡元译 . 砂岩成岩过程中的次生储集孔隙[M].北京：石油工业出版社，1982.

[101] 陶文铨 . 数值传热学[M].西安：西安交通大学出版社，1988.

[102] 林睦曾 . 岩石热物理学及其工程应用[M].重庆：重庆大学出版社，1991.

[103] 雷柯夫，A. B. 著，袭裂钧、丁履德译 . 传热学理论[M].北京：高等教育出版社，1956.

[104] 埃克特，E. R. G，德雷克，R. M. 著，航青译 . 传热与传质分析[M].北京：科学出版社，1956.

[105] 钱滨江，伍贻文等 . 简明传热手册[M].北京：高等教育出版社，1984.

[106] 林建忠，阮晓东，陈邦国，王建平 . 流体力学[M].北京：清华大学出版社，2005.

[107] 郭涛 . 油藏多孔介质中传热数值模拟[D].大庆石油学院硕士学位论文，2009.

[108] Bennet，C. D. and Myers，J. E. Momentum，Heat and Mass Transfer[M]，2nd Ed. McGraw-Hill Book Company，New York，1974.

[109] 李杨 . 季节性冻土水分迁移模型研究[D].吉林大学博士学位论文，2008.

[110] 翟辉 . 微尺度热质运输问题的理论研究[D].哈尔滨工业大学硕士学位论文，2004.

[111] 邓勇 . 涡流管三维流场结构的研究[D].华北电力大学(北京)硕士学位论文，2009.

[112] 于勇，张俊明，姜连田 . FLUENT 入门与进阶教程[M].北京：北京理工大学出版社，2008.

[113] FLUENT 6. 3 User's Guide. Fluent. inc，2006.

[114] 江帆，黄鹏 . Fluent 高级应用与实例分析[M].北京：清华大学出版社，2008.

[115] 王福军 . 计算流体动力学分析 CFD 软件原理与应用[M].北京：清华大学出版社，2004.

[116] 温正，石良辰，任毅如 . FLUENT 流体计算应用教程[M].北京：清华大学出版社，2009.

[117] Whitaker，S. Elementary Heat Transfer Analysis[M]. Pergamon Press，Inc. ，1976.

［118］ Starfield A. M. The computation of temperature increase in wet and dry airway［J］. Journal of the Mine Ventilation socielty of South Africa，1960(10).

［119］ 何满潮，张毅，乾增珍，等. 深部矿井热害治理地层储冷数值模拟研究［J］. 湖南科技大学学报，2006，21(2)：13～16.

［120］ 何满潮，张毅，李启民. 医院改燃工程中地热能应用研究［J］. 矿业研究与开发，2006，26(4)：44～46.

［121］ 何满潮，张毅，郭东明. 新能源治理深部矿井热害储冷系统研究［J］. 中国矿业，2006，15(9)：62～64.

［122］ 何满潮，杨晓杰，孙晓明. 中国煤矿软岩黏土矿物特征研究［M］. 北京：煤炭工业出版社，2006.

［123］ 陆海燕. 夹河矿深井工程地质条件及热害控制技术：［D］. 北京：中国地质大学，2007.

［124］ 彦启森，石文星，等. 空气调节用制冷技术［M］. 中国建筑工业出版社，北京，2005.

［125］ 章熙民，任泽霈. 传热学［M］. 中国建筑工业出版社，北京，2005.

［126］ 郭平业，我国深井地温场特征及热害控制模式研究：［D］. 北京：中国矿业大学(北京)，2009.

［127］ HE Manchao，CAO Xiuling，XIE Qiao，et al. Principles and Technology for Stepwise Utilization of Resources for Mitigating Deep Mine Heat Hazards. MINING &TECHNOLOGY［J］. VOL20，2010.1：20～27.

［128］ 曹秀玲，张毅，何满潮. 建筑围护结构换热过程试验研究，中国矿业大学(北京)研究生教育学术论坛论文集 2008，310～316.

［129］ 曹秀玲，张毅，郭东明，等. 矿井涌水在深井 HEMS 降温技术中的应用研究，中国矿业［J］. 2010，1：104～106.